天天快检：
食用农产品掺伪鉴别手册

谢建军　翁文川　主编

SPM 南方出版传媒

广东科技出版社 | 全国优秀出版社

·广 州·

图书在版编目（CIP）数据

天天快检：食用农产品掺伪鉴别手册/谢建军，翁文川主编. —广州：广东科技出版社，2018.9
ISBN 978-7-5359-7016-9

Ⅰ. ①天… Ⅱ. ①谢… ②翁… Ⅲ. ①农产品－食品－食品检验—手册 Ⅳ. ① TS207.3-62

中国版本图书馆 CIP 数据核字（2018）第 217391 号

天天快检：食用农产品掺伪鉴别手册

Tiantian Kuaijian: Shiyong Nongchanpin Chanwei Jianbie Shouce

责任编辑：罗孝政
封面设计：柳国雄
责任校对：陈　静　黄慧怡
责任印制：彭海波
出版发行：广东科技出版社
　　　　　（广州市环市东路水荫路 11 号　邮政编码：510075）
http://www.gdstp.com.cn
E-mail：gdkjyxb@gdstp.com.cn（营销）
E-mail：gdkjzbb@gdstp.com.cn（编务室）
经　　销：广东省新华发行集团股份有限公司
印　　刷：广州市岭美彩印有限公司
　　　　　（广州市荔湾区花地大道南海南工商贸易区 A 幢　邮政编码：510385）
规　　格：889mm×1 194mm　1/32　印张 7.25　字数 200 千
版　　次：2018 年 9 月第 1 版
　　　　　2018 年 9 月第 1 次印刷
定　　价：48.00 元

编委会

本书受广州市科技计划项目民生科技重大专项"保健食品中功效成分及违禁西药成分检测技术研究"（编号：KYHZ2013B17）和广州市科技计划项目"基于食源性病原菌保守表面蛋白的快速检测的技术平台"（编号：2014J4500027）资助出版

前言
Foreword

　　最近几年，我国食品安全形势总体比较平稳。2017年3月13日，农业部印发了《"十三五"全国农产品质量安全提升规划》，提到我国2016年农产品质量安全保持稳中向好的态势，全国主要农产品例行监测总体合格率达到97.5%，同比上升0.4个百分点，全年未发生重大农产品质量安全事件。但是，我们也要清醒看到，食品安全形势依然严峻复杂，影响食品安全的深层次问题还没有根本解决。2017年1月3日，国家主席习近平对食品安全工作做出重要指示，"民以食为天"，加强食品安全工作关系我国13亿多人的身体健康和生命安全，必须抓得紧而又紧，必须再接再厉，把工作做细做实，确保人民群众"舌尖上的安全"。国务院总理李克强也做出批示，食品安全是全面建成小康社会的重要标志。

　　食品掺假、造假已是国际性问题，各种假冒伪劣食品问题层出不穷，屡禁不止，食品的掺伪已渗透到食品的各个领域。当前食品的假冒伪劣问题已经严重影响国家利益、市场秩序，以及人们的日常生活，甚至是生命财产安全。时任国务院副总理、国务院食品安全委员会主任张高丽强调严格落实食品安全法有关规定，完善办理危害食品安全刑事案件的司法解释，推动掺假造假行为直接入刑，用最严厉的处罚坚决遏制和打击违法犯罪行为。要把餐饮食品安全作为一项重大民生工程来抓，全面治理"餐桌污染"。

　　快速、可靠的食品检测鉴别技术的完善是食品打假的治本之策。本书从假冒伪劣食品及食用农产品造假的方式、法律法规、快速鉴别的方法入手，从粮谷类、豆制品、畜禽水产类、调味品、饮品、食用菌、食用油、燕窝、冬虫夏草等食品到食品包装、标签，全面、系统解读食用农产品造假方式及快速鉴别方法。这些快速鉴别方法通过感官、简单的实验操作或快速检测试剂盒方法，让广大食品药品基层监管人员和普通的消费者可以迅速掌握、快速识别食品的真伪，从而提高鉴别真假能力。本书采用通俗易懂的语言，形象生动的图片，简洁明了的表格，将食品及食用农产品掺伪快速鉴别方法呈现给读者。

本书将作为食品药品基层监管人员、质量技术监督局行政执法人员、食品检验专业的学生和广大的普通消费者的培训教材和必备书籍，利用本书方法快速鉴别食品和食用农产品的真伪、掺假、假冒、劣质，具有很强的实用性和指导性。

由于本书内容涉及的食品和食用农产品种类较多，加之时间和水平有限，疏漏和错误之处在所难免，欢迎广大读者给予批评指正！

编　者
2018 年 3 月

目录
Contents

第四章

乳类及制品、蛋类掺伪鉴别

2

第五章

调味品掺伪鉴别

第十章
预包装食品标签

第一章
食品掺伪鉴别概述

第一节 食品掺伪的定义、危害及掺伪方式

　　从古至今，食品在人们的日常生活中都是不可或缺的。随着经济的快速发展及人们生活水平的不断提高，人们越发关注生态环境和自身健康的状况。但是近年来，在世界范围内不断有危害人类生命健康的食品安全事件发生，有些甚至还引起了政治风波，比如说美国的二噁英事件、英国的疯牛病及中国的染色馒头、三聚氰胺奶粉等，从而使得世界各国都高度重视食品安全。安全性对于食品来说是第一位的，其安全才能保证人们的身体健康。

　　食品掺假、造假已是国际性问题。当前食品的假冒伪劣问题已经严重影响国家利益、市场秩序，以及人们的日常生活，甚至是生命财产安全。

一、食品掺伪的定义、危害

　　食品掺伪是指人为地、有目的地向食品中加入一些非所固有的成分，以增加其重量或体积，降低成本；或改变某些质量，以低劣色、香、味来迎合消费者心理的行为。食品掺伪主要包括掺假、掺杂和伪造。食品掺假是指向食品中非法掺入外观、物理性状或形态相似的非同种类物质的行为，如蜂蜜中加入了外源糖、味精中掺入食盐、小麦粉中掺入滑石粉等。这种食品掺假的行为一般是用低价值或没有营养价值的物质添加到食品中，从而降低了食品的质量。食品掺杂是指在食品中非法掺入一些杂物，大多为非同一种类或同种类劣质物质，如糯米中掺入大米、辣椒粉中加入红砖沫、大米中掺入沙石等。食品伪造是指非法用若干种物质，人为地用一种或几种物质进行加工仿造，冒充某种食品在市场销售的违法行为，其包装标识或产品说明与内容

物不符，如"三精一水"兑制的葡萄酒，用色素染黑的白芝麻冒充黑芝麻，用黄色素、糖精及小麦粉仿制蛋糕等。

《中华人民共和国食品安全法》（2015年版）第三十四条第六款规定，禁止生产经营腐败变质、油脂酸败、霉变生虫、污秽不洁、混有异物、掺假掺杂或者感官性状异常的食品、食品添加剂。《中华人民共和国产品质量法》（2013年修订版）中也规定，禁止在生产、销售的产品中掺杂、掺假，以假充真，以次充好。

食品的掺假、掺杂和伪造行为都严重违反了《中华人民共和国食品安全法》和《中华人民共和国产品质量法》，相关责任人应当受到法律的严厉处罚或制裁。

食品的掺伪已渗透到食品的各个领域，已经严重威胁到消费者的身体健康和利益。这些不卫生、不安全或有毒的食品，将给人类带来危害。其危害主要表现在以下几点：

（1）掺伪食品对人体健康的威胁和危害，主要取决于添加物的化学或物理性质。添加物若是属于正常食品或原、辅料等无毒无害的物质，不会对人体造成危害。掺伪造假若是添加的具有明显毒害作用或有蓄积毒性的物质，人食用后会受到恶性刺激，还能对人体产生急性、亚急性或慢性毒性，引起人体食物中毒。

（2）严重损害了消费者的利益，致使消费者蒙受经济损失。普通消费者花钱购买了假冒伪劣的产品，他们除了承担可能会对身体造成伤害的风险，还要蒙受经济上的直接损失。

（3）扰乱了正常的市场秩序，违反了公平竞争、合理竞争的市场规律。

二、食品掺伪的方式

目前，通过对市场掺伪食品的调查、检验，发现食品掺伪的主要方式有以下几种：

1. 掺兑

主要是在食品中掺入一定数量的外观类似的物质以取代原食品成分的做法，如香油掺米汤、食醋掺游离矿酸、啤酒和白酒兑水、牛乳兑水等。这一类的掺兑主要是液体或流体食品的掺兑，掺入廉价易得的物质以增加食品重量。

2. 混入

在固体食品中掺入一定数量外观类似的非同种物质，或虽种类相同但掺入食品质量低劣的物质称作混入，最常发现的是面粉中混入滑石粉、藕粉中混入薯粉、味精中混入食盐、糯米粉中混入大米粉等，用以增加食品的重量。

3. 抽取

从食品中提取出部分营养成分后仍冒充完整成分销售。如：不法商家收集已冲泡过的湿茶、废茶非法加工包装再次售卖的二手茶叶；小麦粉提取出面筋后，其余物质还充当小麦粉销售或掺入正常小麦粉中出售；从牛乳中提取出脂肪后，剩余部分制成乳粉，仍以全脂乳粉在市场出售。

4. 假冒

采取好的、漂亮的精制包装或夸大的标签说明与内装食品的种类、品质、营养成分名不副实的做法称作假冒，如假牛肉、假乳粉、假藕粉、假香油、假麦乳精、假糯米粉、假粉条等，这种假冒的食品案例非常多。

5. 粉饰

以色素（或颜料）、香料及其他严禁使用的添加剂对质量低劣的或所含营养成分低的食品进行调味、调色处理后，充当正常食品出售，以此来掩盖低劣的产品质量的做法称为粉饰。如：糕点加非食用色素、糖精等；将过期霉变的糕点下脚料粉碎后制作饼馅；将酸败的挂面断头、下脚料浸泡、粉碎后，与原料混合，再次制作成挂面出售等。

第二节 食品掺伪鉴别检验常用方法

在掺伪食品鉴别检验工作中，由于被测组分和干扰成分的性质以及它们在食品中的数量存在差异，因此选择的分析方法也不相同，常用的方法有感官检验法、理化检验法、微生物分析法和酶分析法。在实际工作中，有的采用单一方法就可以解决问题，有的要同时结合多种方法才可以做到准确鉴别。

一、感官检验法

感官检验又称感官分析，是在心理学、生理学和统计学的基础上发展起来的一种检验方法。食品的感官检验是借助人的感觉器官的功能，通过人的味觉、嗅觉、视觉、触觉，以语言、文字、符号作为分析数据，对食品的色泽、风味、气味、组织状态、硬度等外部特征进行评价的方法，其目的是评价食品的可接受性和鉴别食品的质量。

感官检验有以下优点：①通过对食品感官性状的综合性检查，可以及时、准确地检测出食品质量有无异常，便于提早发现问题并进行处理，避免对人造成危害。②方法直观，手段简便，不需要借助任何仪器设备。③感官检验方法不仅能直接发现食品感官性状在宏观上出现的异常现象，而且当食品感官性状发生细微变化时也能敏锐地觉察到。因此，感官检验是与仪器分析并重的检测手段，在食品的掺伪检验中具有其他检验方法不可代替的作用。

感官检验的重要性不言而喻。各种食品的质量标准中都有感官指标，如外形、色泽、滋味、气味、均匀性、混浊程度、有无杂质及沉淀等。这些感官指标往往能直接反映食品的品质和质量的好坏。当食品的质量发生变化时，常会引起某些感官指标发生变化。通过感官检验就可迅速、直观判断食品的质量及其变化情况。因此，感官检验仍是评价食品质量不可缺少的重要手段。此外，有些食品或农产品的特性目前还不能用仪器检验，只能靠感官检验。由于感官质量评价的优点和其重要性，在一些项目的检验中常安排在理化和微生物检验方法之前进行。感官指标不合格则不必进行理化检验，因此感官检验法是食品的重要分析检验手段之一。

按感官检验时所利用的人的感觉器官，感官检验可分为视觉检验、嗅觉检验、味觉检验和触觉检验。

1. 视觉检验

通过被检验物作用于视觉器官所引起的反应对食品进行评价的方法称为视觉检验。在感官检验中，视觉检验占有重要位置，几乎所有产品的检验都离不开视觉检验。视觉检验即用肉眼观察食品的形态特征。如色泽可判断水果、蔬菜的成熟状况和新鲜程度；透光感可以判断饮料的清澈与混浊；把瓶装液体倒过来，可检验有无沉淀和夹杂物，据此判断食品是否受到了污染或变质。

视觉检验不宜在灯光下进行，因为灯光会给食品造成假象，给视觉检验带来错觉。检验时应从外往里检验，先检验整体外形，如罐装食品有无鼓罐或凹罐现象、软包装食品有无胀袋现象等，再检验内容物，然后再给予评价。

2. 嗅觉检验

通过被检物作用于嗅觉器官所引起的反应评价食品的方法称为嗅觉检验。嗅觉是辨别各种气味的感觉。人的嗅觉非常灵敏，有时用一般方法和仪器不能检测出来的轻微变化，用嗅觉检验却可以发现。如鱼的最初分解和油脂开始酸败，其理化指标变化不大，但敏感的嗅觉可以察觉有氨味和哈喇味。在进行嗅觉检验时，可取少量样品于洁净的手掌上摩擦，再嗅检。嗅觉器官长时间受气味浓的物质刺激会疲劳，灵敏度降低，因此检验时应该按由淡气味到浓气味的顺序进行，嗅觉检验一段时间后应休息一会。

3. 味觉检验

通过被检物作用于味觉器官所引起的反应评价食品的方法称为味觉检验。味觉是由舌面和口腔内味觉细胞（味蕾）产生的，其基本味有酸、甜、苦、咸四种，其余味觉都是由基本味觉组成的混合味觉。味觉还与嗅觉、触觉等其他感觉有联系。味蕾的灵敏度与食品的温度有密切关系，味觉检验的最佳温度为 20~40℃，温度过高会使味蕾麻木，温度过低亦会降低味蕾的灵敏度。味觉检验前不要吸烟或吃刺激性较强的食物，以免降低感觉器官的灵敏度。检验时取少量被检食品放入口中，细心品尝，然后吐出（不要咽下），用温水漱口。若连续检验几种样品，应先检验味淡的，后检验味浓的，且每品尝一种样品后，都要用温水漱口，以减少互相影响。对已有腐败迹象的食品，不要进行味觉检验。

4. 触觉检验

通过被检物作用于触觉感受器官所引起的反应评价食品的方法称为触觉检验。触觉检验主要借助手、皮肤等器官的触觉神经来检验某些食品的弹性、韧性、紧密程度、稠度等，以鉴别其质量。如根据肉类的弹性，可判断其品质和新鲜程度；可根据用掌心与指头揉搓蜂蜜时的润滑感鉴定其黏度。此外，还有脆性、黏性、弹性、硬度、冷热、油腻性和接触压力等触感。

进行感官检验时，通常先进行视觉检验，再进行嗅觉检验，然后进行味觉检验及触觉检验。感官检验实验室应远离其他实验室，要求安静，不受外界干扰，无异味，环境、家具淡色调。检验时取样品在自然光线下，用触觉鉴别法鉴别组织状态，视觉鉴别法鉴别色泽，嗅觉鉴别法鉴别气味。

二、理化检验法

理化检验是借助物理、化学的方法，使用某种仪器、设备进行检验并能测得具体的数值。理化检验有化学分析法、仪器分析法和快速检测试剂盒法。

1. 化学分析法

化学分析法是以物质的化学反应为基础，使被测成分在溶液中与试剂作用，由生成物的量或消耗试剂的量来确定组分及其含量的方法。化学分析法包括定性分析和定量分析两部分。定性分析是鉴定物质由哪些元素、原子团、官能团或化合物组成的。定量分析是测定物质中有关组分的含量。定量分析包括重量法和滴定法。

化学分析法是掺伪食品鉴别检验的基础，现代的仪器分析都是用化学方法对样品进行预处理及制备标准样品，且仪器分析的原理大多是建立在化学分析的基础上的。为保证检验仪器分析的准确度，还须用规定的或推荐的化学分析标准方法作对照，以分析结果的符合程度。因此，化学分析法是掺伪食品鉴别检验最重要的方法。

2. 仪器分析法

仪器分析法是以物质的物理或物理化学性质为基础，利用光电仪器来测定物质含量的方法，它包括物理分析法和物理化学分析法。

物理分析法是通过测定密度、黏度、折射率、旋光度等物质特有的物理性质来求出被测组分含量的方法。如密度法可测定饮料中糖分的浓度、酒中酒精的含量，检验牛乳是否掺水、脱脂等；折光法可测定果汁、番茄制品、蜂蜜、糖浆等食品的固形物含量和牛乳中乳糖含量等；旋光法可测定饮料中蔗糖含量、谷类食品中淀粉含量等。

物理化学分析法是通过测定物质的光学性质、电化学性质等物理化学性质来求出被测组分含量的方法，它包括光学分析法、电化学分析法、色谱分析法等。光学分析法又分为紫外—可见分光光度法、原子吸收分光光度法、荧光分析法等，可用于测定食品中铅、镉等成分的含量。电化学分析法可用于检验酱油的酸度及氨基氮等成分。色谱法是近几年来迅速发展起来的一种分析技术，可用于测定食品添加剂、农药残留量、黄曲霉毒素等成分。GB/T 5009.1—2003《食品卫生检验方法理化部分总则》规定了食品理化检验的基本原则和要求。

3. 快速检测试剂盒法

所谓"快速检测"，是包括样品制备在内，检测人员在短时间内，如几分钟、十几分钟，采用不同方式方法检测出被检物质是否处于正常状态，被检物质是否为有毒有害物质，或者被检测的物质是否超出标准规定值的一种检测、筛查行为。食品安全快检是通过便携式的设备、试剂、材料对食品中相关安全性指标进行检测，具有检测时间短、操作简便、检测成本低的特点。快速检测方法主要有试纸法、试纸色谱法、比色管比色法、滴定法、胶体金检测卡法、ELISA 试剂盒法、便携式仪器法及其他一些形式的快速检测方法。

随着快速检测技术的发展和市场的需求，快速检测试剂盒也越来越多地用在食品掺伪的鉴别上。越来越多的快检试剂盒生产公司研发出有针对性的产品用来进行食品或食用农产品的真伪、新鲜度、注水与否等的鉴别上。现在市售的相关快检试剂盒有真假白醋食品安全快速检测试剂盒，真假果汁食品安全快速检测试剂盒，肉类新鲜度快速检测试剂盒，大米新鲜度快速检测试剂盒，蜂蜜果糖、葡萄糖食品安全快速检测试剂盒，红葡萄酒掺伪食品安全快速检测试剂盒等。其实，真伪鉴别快速检测试剂盒方法中常用的快速检测技术主要是化学比色分析检测技术，利用物质的物理或化学反应，通过显色反应后进行定性和定量判断。

三、微生物分析法和酶分析法

1. 微生物分析法

微生物分析法是基于某些微生物生长需要特定的物质来进行测定的方法。此方法测定条件温和，克服了化学分析法和仪器分析法中某些被测成分易分解的弱点，方法的选择性也较高。此法广泛应用于食品中维生素、抗生素残留量、激素等成分的分析中。

近年来，随着食品工业生产的发展和科学技术的进步，一些学科的先进技术不断渗透到掺伪食品鉴别检验工作中，其分析方法和分析仪器日益增多。许多自动化分析技术已应用于掺伪食品鉴别检验中，这不仅缩短了分析时间，减少了人为的误差，而且大大提高了测定的灵敏度和准确度。

2. 酶分析法

酶分析法是利用酶的反应进行物质定性、定量的方法。酶是生物催化剂，它具有高效和专一的催化特征，而且是在温和的条件中进行。酶作为分析试剂应用于食品分析中，解决了从复杂的组分中检测某一成分而不受或很少受其他共存成分干扰的问题，具有简便、快速、准确、灵敏等优点，目前已应用于食品中有机酸、糖类、淀粉、维生素C 等成分的测定。

四、分子生物学方法

分子生物学技术主要是根据物种基因组中的特异 DNA 序列来确定物种。基因是生物遗传信息的载体，以 DNA 的形式存在于所有组织和细胞中。由于遗传信息直接决定生物的本质，因此从理论层面，通过基因来鉴别生物物种是最具权威和科学性的方法。目前分子生物学技术在肉类食品的种类、优劣、真伪鉴别方面发挥了重要作用；此外，在一些果汁等加工食品鉴别果汁的种类、有无掺假也起到了重要作用。

随着 21 世纪分子生物学的飞速发展，从技术层面上来讲，对基因信息进行快速、准确分析的各种方法不断出现，如 PCR（polymerase chain reaction）、实时荧光 PCR、分子指纹、基因芯片、基因测序、等。分子生物学方法方便、准确、迅速、简洁，从基因水平分析食品原料和产品的特性和来源，其结果不会受品种、产地、收获季节、原料环境、加工条件、贮运包装方式等很多因素的影响，可为证明食品的真伪提供可靠的依据。

常用的分子生物学技术有常规 PCR、多重 PCR（multiplex PCR）、实时荧光定量 PCR（real-time fluorescence quantitative PCR，RT-PCR）、限制性片段长度多态性 PCR（PCR restriction fragment length polymorphism，PCR-RFLP）、随机扩增多态性 PCR（random amplified polymorphic DNA PCR，RAPD-PCR）、生物芯片技术等。基因检测技术所具备的几个独特的优势保证了结果的可靠性：①特异性。生物型的差异直接反映在基因序列的差异上，可以根据基因组的不同区域、基因、片段的进化特点来选择与检测目的相匹配的靶基因。②灵敏性。基因检测技术可以发现几个拷贝的基因，使食品生物成分的分析从常量水平进入痕量水平。在设计方法时可以依据食品的加工程度，选择单拷贝或多拷贝的基因来满足不同食品对灵敏度的要求。③快捷性。目前各类 PCR 仪、基因分析仪、芯片扫描仪等高精尖仪器以及各类商品化试剂盒的配套使用大大缩短了检测时间，在较短时间内就可以完成样品从制备到结果判读的全过程。

第三节　我国打击假冒伪劣食品的法律法规及标准

一、相关法律法规及条例

与国外相比，我国食品和食用农产品质量安全法律制度建设起步相对较晚。从整个过程看，我国农产品安全立法经历了从无到有，从综合立法到专门立法的过程。20 世纪 80 年代，随着改革开放的不断深入，我国陆续由全国人大常委会、国务院及各部委、各地方制定了一系列与食品安全有关的庞杂的法律、法规、管理规章及地方法规，使得农产品质量安全问题在一定程度上实现了有法可依，并逐步形成了农产品质量安全管理体系。在这些已颁布的法律、法规和管理规章中有多部涉及打击假冒伪劣。《中华人民共和国产品质量法》其总则第五条中明确指出：禁止伪造或者冒用认证标志等质量标志；禁止伪造产品的产地，伪造或者冒用他人的厂名、厂址；禁止在生产、销售的产品中掺杂、掺假，以假充真，以次充好。《中华人民共和国计量法》的目的之一是保护消费者免受不准确或不诚实测量所造成的危害。《有机产品认证管理办法》第四十七条：伪造、冒用、非法买卖认证标志的，地方认证监管部门依照《中华人民共和国产品质量法》《中华人民共和国进出口商品检验法》及其实施条例等法律、行政法规的规定处罚。第四十八条：伪造、变造、冒用、非法买卖、转让、涂改认证证书的，地方认证监管部门责令改正，处 3 万元罚款。《农产品地理标志管理办法》办法中第二十条规定：任何单位和个人不得伪造、冒用农产品地理标志和登记证书。《农产品包装和标识管理办法》禁止冒用无公害农产品、绿色食品、有机农产品等质量标志。

二、相关卫生和食品标准

食品安全国家标准由各相关部门负责草拟，国家标准化管理委员会统一立项、统一审查、统一编号、统一批准发布。目前中国已初步形成了门类齐全、结构相对合理、具有一定配套性和完整性的食品质量安全标准体系。据不完全统计，截至目前中国共有约 1 193 项食品工业国家标准和 1 222 项食品工业行业标准，涵盖了谷物和豆类制品、淀粉及淀粉制品、食用油脂等共 19 个专业。

1. 限量标准

中国现行的食品安全限量标准有 GB 2760—2014《食品添加剂使用卫生标准》、GB 2763—2016《食品中农药最大残留限量》、GB 2762—2017《食品中污染物限量》、GB 2761—2017《食品安全国家标准 食品中真菌毒素限量》、GB 7718—2011《预包装食品标签通则》等。各种限量标准数量的不断完善和更新为农产品质量安全监管工作提供了有力的技术支撑。

2. 检测技术标准

检测技术标准主要是鉴定检验类技术标准，包括国家标准（GB）、行业标准（NY、SN）和地方标准（DB）。按食品来源分为 3 类：动物源性食品、植物源性食品和加工食品真伪鉴定标准。

（1）动物源性食品真伪鉴定标准。主要有两类：第一类是通过检验规程等管理的办法进行打假，如 SN/T 0852—2012《进出口蜂蜜检验规程》；第二类是通过检测技术进行鉴伪。由于动物源性食品的加工程度不高，可用遗传物质或者通过物理形态的特征进行鉴定。应用遗传物质进行鉴定标准，如 SN/T 3589.1—2013《出口食品中常见鱼类及其制品的鉴伪方法》系列标准进行名优特鱼成分检测。

（2）植物源性食品真伪鉴定标准。该类标准已颁布的国家标准、农业部颁标准、检验检疫行业标准和一些省市自己建立的地方标准，涉及的农产品种类有黑木耳、大米、香菇、人参、西洋参，以及多种食品和饮料中香蕉、桃、山楂、葡萄、苹果、木瓜、芒果、梨、杏和草莓等的成分检测标准。

（3）加工食品真伪鉴定标准。加工食品的真伪检测标准主要体现为产品中的化学成分，如与油脂质量有关的化学成分主要过氧化值、酸度、脂肪酸甲酯、皂化值，与乳制品质量有关的化学成分主要有蛋白质、脂肪等。

第二章
粮谷类、豆类等掺伪鉴别

第一节　粮谷类掺伪鉴别

一、新米、陈米鉴别

新米是稻谷在一个生长周期内进行加工销售的米；陈米是稻谷存放 1 年以上、3 年以内没有发生霉变和黄变的大米。

新米（右）、陈米（左）对比

1. 感官鉴别

鉴别项目	新 米	陈 米
色泽	呈透亮玉色，未熟的米粒微微呈现青色（俗称"青腰"），胚芽部分呈乳白色或淡黄色，碎米少，无爆腰现象	颜色较深或呈咖啡色，米粒表面有灰粉或白沟纹，即爆腰现象，爆腰越严重陈放越久
气味	有股非常清淡自然的香味，好闻不刺鼻	清香味很少，有股酸味、陈味，米越陈旧，酸味、陈味越明显
手插情况	基本没有糠粉	会有白色的淀粉沾手上
牙磕情况	牙磕时坚硬清脆（大米的硬度由蛋白质含量决定，硬度越大，蛋白质含量越高，其透明度越高）	牙磕时疏松不硬，齿声不清脆，易断
水色	用水浸泡后，水会马上变白色混浊	用水浸泡，无明显混浊，越陈旧的米水越清
味道	新米含水量通常在 16% 以上，煮熟后，松软香糯，即使冷了也一样软糯	陈米因含水量少，吃起来感觉硬很多

2. 化学鉴别

◎愈创木酚法

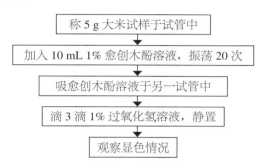

称 5 g 大米试样于试管中

↓

加入 10 mL 1% 愈创木酚溶液，振荡 20 次

↓

吸愈创木酚溶液于另一试管中

↓

滴 3 滴 1% 过氧化氢溶液，静置

↓

观察显色情况

结果判定：如果是新米，经过 1~3 min，白浊的愈创木酚溶液从上部开始呈浓赤褐色；如果是陈米，则完全不着色；如果是新米、陈米混合，无法确定具体的混合比例，只能根据呈色反应快慢和着色的浓淡定性判断。若新米比例大，呈色反应快，呈浓赤褐色；若新米比例小，呈色反应慢，而且呈淡赤褐色。

◎胚部染色法

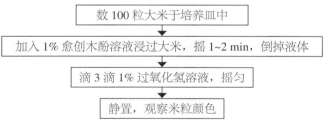

数 100 粒大米于培养皿中

↓

加入 1% 愈创木酚溶液浸过大米，摇 1~2 min，倒掉液体

↓

滴 3 滴 1% 过氧化氢溶液，摇匀

↓

静置，观察米粒颜色

结果判定：新鲜大米胚部呈紫红色。陈米混杂率（%）= 非紫红色米粒数 /100×100。

◎酸碱指示剂法

指示剂原液：甲基红 0.1 g，溴百里酚蓝 0.3 g，溶于 150 mL 无水乙醇中（较难溶），加水稀释至 200 mL。显色剂 I：将原液与水 1：50 混合。显色剂 II：将原液与水 1：4 混合，用碱液滴定使颜色由红色

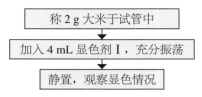

到黄色。

方法1：

称 2 g 大米于试管中

↓

加入 4 mL 显色剂 I，充分振荡

↓

静置，观察显色情况

结果判定：若为新米，显色为绿色，大米越新鲜，颜色越绿；若为陈米，随反应时间延长由黄色变为橙色。

方法2：

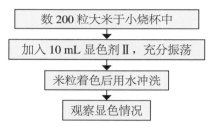

数 200 粒大米于小烧杯中

↓

加入 10 mL 显色剂 II，充分振荡

↓

米粒着色后用水冲洗

↓

观察显色情况

结果判定：若是新米，米粒呈绿色；若为陈米，米粒为黄色至橙色。陈米混杂率（%）＝黄色至橙色米粒数 /200×100。

◎大米新鲜度快速检测试剂盒

使用大米新鲜度快速检测试剂盒进行。

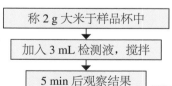

称 2 g 大米于样品杯中

↓

加入 3 mL 检测液，搅拌

↓

5 min 后观察结果

结果判定：新米到陈米的溶液颜色为绿色—浅墨绿色—黄绿色—浅黄色—深橘黄色，根据溶液的颜色作相应的判断。

3. 大米鲜度仪快速鉴别

经过专用药剂浸泡的米粒，通过扫描

大米鲜度仪

天天快检——食用农产品掺伪鉴别手册

18

仪成像,用专业软件处理影像,并自动判定其新鲜度。

二、掺油米鉴别

感官鉴别

鉴别项目	掺油米	操作方法
色泽	看起来太过油腻、透明,且颜色通常不均匀,仔细观察会发现米粒有一点浅黄	抓一把大米,在自然光线下肉眼观察
手感	又腻又油	在手上放一张纸巾,抓一把大米放在纸巾上,用手使劲挤压大米,如果纸巾上有油渍,则有可能是掺油米
气味	石蜡味时隐时现,若用热水浸泡后,味道更加明显	用60℃左右的热水浸泡大米,盖上杯盖5~10 min,启盖若有较多杂质、油渍、蜡渍析出,且有农药味、矿物油味、霉味等,则有可能为掺油米

三、黄曲霉毒素超标米鉴别

◎黄曲霉毒素快速检测卡

黄曲霉毒素快速检测卡适用于谷物、饲料、食用油、酱油、醋、发酵酒等中的黄曲霉毒素检测。

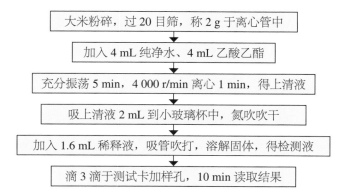

大米粉碎,过20目筛,称2 g于离心管中

↓

加入4 mL纯净水、4 mL乙酸乙酯

↓

充分振荡5 min,4 000 r/min离心1 min,得上清液

↓

吸上清液2 mL到小玻璃杯中,氮吹吹干

↓

加入1.6 mL稀释液,吸管吹打,溶解固体,得检测液

↓

滴3滴于测试卡加样孔,10 min读取结果

结果判定：

阳性：C 线显红色，T 线不显色，或浅于 C 线；

阴性：C 线显红色，T 线显色接近 C 线，或深于 C 线；

无效：C 线不显色。

四、香精米鉴别

取大米少许揉搓，打开手掌，真正香米会有淡淡的香气，揉搓过的大米反倒会香味更加浓郁；而香精米，如果用力揉搓，手上的味道会更加浓郁，大米反而会越来越清淡无香。

五、镉超标米鉴别

◎重金属镉快速检测试剂盒检测

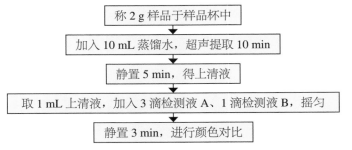

结果判定：若提取样品呈现淡黄色，则镉含量不超标；若呈现橙红色，则镉含量超标。

六、黄粒米鉴别

称大米试样 50g，按规定拣出黄粒米，称重。

结果计算：

黄粒米（%）=W$_1$/W×100

W$_1$—黄米粒的重量（g）；

W—试样重量（g）。

试验结果允许差不超过0.3%，求平均数，即为检测结果，检测结果取小数点后一位。

正常大米（右）和黄粒米（左）对比

七、染色小米鉴别

1. 感官鉴别

鉴别项目	优质小米	染色小米
外观	呈乳白色、黄色或金黄色，均匀有光泽，米粒大小均匀，很少有碎米，无虫，无杂质	色泽深黄，缺乏光泽
气味	闻起来具有正常的清香味，无其他异味	闻起来有点霉变味或者染色素的气味，如姜黄素就有姜黄气味
手感	触手后会像流沙般倾泻，流散性、干燥性强。用手搓后，手掌上可见白色糠粉碎屑	手摸有涩感，手捻时易成粉状或易碎
水洗情况	用温水清洗时，水色不黄	用温水清洗时，水色显黄

2. 化学鉴别

◎黄米检测试剂盒检测

称 1 g 于样品杯中

↓

加入 10 mL 无水乙醇，搅拌均匀

↓

取处理液 2 mL 于检测管中

↓

加入检测液 5 滴

↓

观察显色情况

结果判定： 如呈橘红色，则说明小米或黄米经姜黄粉染色。

八、黑米鉴别

1. 感官鉴别

鉴别项目	真黑米	假黑米
外观	黑色花青素集中在皮层，胚乳层仍为白色	将黑米外层全部刮掉，米粒不是白色
气味	有一种特殊香味	假黑米有异味、霉变味、腐败味等不良滋味
味道	—	取少量黑米于口中细嚼，假黑米有异味、酸味、苦味及其他异味

2. 化学鉴别

取少量黑米，倒入白醋浸泡，待 10 min 后观察颜色变化。变为紫红色的为真黑米，不变色或颜色很淡的为假黑米。

真（左）、假（右）黑米对比

九、玉米鉴别

1. 化学分析法检测黄曲霉毒素

黄曲霉毒素快速检测卡方法详见大米中的黄曲霉毒素检测。

2. 化学分析法检测呕吐毒素

呕吐毒素快速检测试剂盒适用于谷物（小米、玉米、大麦等）及其制品（蛋糕、饼干、面包等）中呕吐毒素的检测。

22

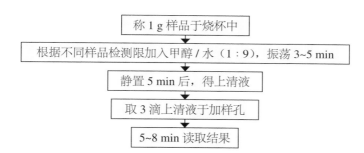

称 1 g 样品于烧杯中

根据不同样品检测限加入甲醇 / 水（1:9），振荡 3~5 min

静置 5 min 后，得上清液

取 3 滴上清液于加样孔

5~8 min 读取结果

结果判定：阴性：C 线和 T 线同时显色，表明检测液中呕吐毒素浓度低于检测卡检出限或不含呕吐毒素。阳性：C 线显色，T 线不显色，表明检测液中呕吐毒素浓度高于检测卡检出限。无效：C 线不显色，表明检测卡失效。

3. 化学分析法检测赭曲霉毒素 A

赭曲霉毒素 A 快速检测卡适用于谷物、饲料、食用油、发酵食品等中赭曲霉毒素 A 的检测。

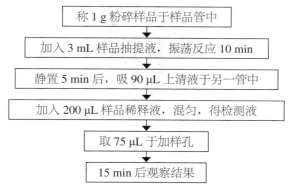

称 1 g 粉碎样品于样品管中

加入 3 mL 样品抽提液，振荡反应 10 min

静置 5 min 后，吸 90 μL 上清液于另一管中

加入 200 μL 样品稀释液，混匀，得检测液

取 75 μL 于加样孔

15 min 后观察结果

结果判定：速测卡的显色判断同呕吐毒素。

4. 化学分析法检测玉米赤霉烯酮

玉米赤霉烯酮快速检测卡适用于粮食、谷物、饲料等中玉米赤霉烯酮的检测。

```
称 1 g 样品于烧杯中
```
```
根据不同样品检测限加入甲醇 / 水（1：9），振荡 3~5 min
```
```
静置 5 min 后，得上清液
```
```
取 3 滴上清液于加样孔
```
```
10 min 读取结果
```

结果判定：速测卡的显色判断同呕吐毒素。

十、染色黑芝麻鉴别

1.感官鉴别

鉴别项目	正常黑芝麻	染色黑芝麻
颜色	外种皮为黑色，去皮后，里面呈灰白色	外皮黑得发亮，里面纯白色

正常黑芝麻（左）和染色黑芝麻（右）对比

2. 物理分析法鉴别

（1）水浸泡法

用清水清洗，浸泡一段时间，正常的黑芝麻水颜色比较浅，偏红，染过色的黑芝麻水颜色为褐红色或黑色。

正常（右）、染色黑芝麻（左）水浸泡后对比

（2）白纱布水浸出法

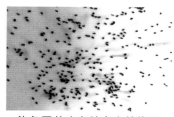

染色黑芝麻在纱布上的拖尾

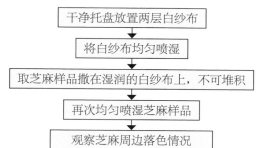

干净托盘放置两层白纱布

将白纱布均匀喷湿

取芝麻样品撒在湿润的白纱布上，不可堆积

再次均匀喷湿芝麻样品

观察芝麻周边落色情况

鉴别项目	正常黑芝麻	染色黑芝麻
外观	表面黑色，有光泽，易搓掉外壳，但不易掉色	手搓易掉色
白纱布水浸出情况	周边有黑色落色，用手拨动，有外壳脱落	周边有黑色落色，但无外壳脱落
比重	轻，置于水中会浮于水面	重，置于水中会沉于水底

（3）滤纸层析法

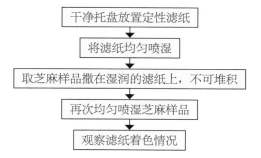

干净托盘放置定性滤纸

将滤纸均匀喷湿

取芝麻样品撒在湿润的滤纸上，不可堆积

再次均匀喷湿芝麻样品

观察滤纸着色情况

结果判定：待自然放干后出现红色、红蓝相伴或绿蓝相伴，则有可能为经过化学染料染色的黑芝麻。

第二节　面粉及面粉制品掺伪鉴别

一、面粉掺伪鉴别

1. 感官鉴别

鉴别项目	优质面粉	劣质面粉
外观	富强粉色泽白净；标准粉呈稍微淡黄的白色	色泽较深
气味	略带香甜味	有霉味、酸苦味、土气味及臭味
手感	用手抓一把面粉使劲捏一下，松开手后，面粉随之散开，含水分正常；捻搓面粉，有绵软的感觉	用手抓一把面粉使劲捏一下，松开手后，面粉不散开，水分含量较高；捻搓面粉，感觉过分光滑

2. 掺入滑石粉鉴别

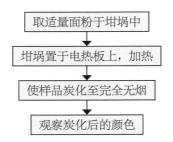

结果判定：若有白色颗粒，表示面粉中掺有滑石粉。

3. 掺入吊白块鉴别

吊白块检测试剂盒适用于腐竹、馒头、米、面、豆制品、白糖、榨菜等检测。

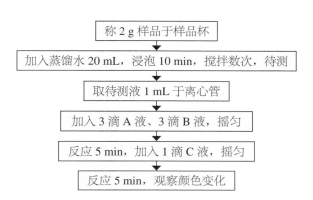

```
称 2 g 样品于样品杯
      ↓
加入蒸馏水 20 mL，浸泡 10 min，搅拌数次，待测
      ↓
取待测液 1 mL 于离心管
      ↓
加入 3 滴 A 液、3 滴 B 液，摇匀
      ↓
反应 5 min，加入 1 滴 C 液，摇匀
      ↓
反应 5 min，观察颜色变化
```

结果判定： 溶液显示明显的紫红色，说明样品中含有吊白块，且颜色越深表示吊白块浓度越高，对照下图标准比色板可进行半定量判定。

吊白块速测盒

液体样品（mg/L）	2	5	10	20	50	100	300	500
固定样品（mg/kg）	20	50	100	200	500	1000	3000	5000

4. 掺入增白剂鉴别

◎过氧化苯甲酰试剂盒

结果判定： 溶液出现黄色、紫色或紫红色表示含有过氧化苯甲酰（增白剂），紫色或紫红色越深，含量越高。

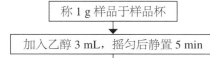

```
称 1 g 样品于样品杯
      ↓
加入乙醇 3 mL，摇匀后静置 5 min
      ↓
取待测液 0.5 mL 于检测管，加入 1 mL 蒸馏水
      ↓
加入 A、B、C、D 液各 1 滴，摇匀
      ↓
反应 15 min，观察颜色变化
```

二、染色馒头鉴别

玉米面馒头（右）和染色馒头（左）对比

鉴别项目	玉米面馒头	染色馒头
外观	玉米面馒头颜色不均匀，表面会有一些细小的纤维颗粒，较粗糙	表面颜色均匀，较光滑
截面	截面可看到很多细小的纤维颗粒，比较粗糙	截面比较细腻
气味	闻起来有清淡的玉米香甜味	没有玉米的香甜味，如果添加香精，则香味更冲
味道	质地相对密，咬起来紧实，口感较粗糙，有淡淡的玉米香	馒头比较细腻，有明显的甜味或比较冲的甜味

三、铝超标面食制品鉴别

◎面粉制品中铝快速检测试剂盒

称 0.5 g 样品于 50 mL 烧杯中

加入蒸馏水 18 mL，1 mL 试剂 I

搅拌 2 min，静置 3 min，得提取液

取提取液 0.2 mL 于比色管中，加入 0.8 mL 蒸馏水、1.0 mL 试剂 II、2 滴试剂 III，混匀

加入 4 滴试剂 IV，混匀

加入 4 滴试剂 V，混匀，40℃水浴 5 min，观察颜色变化

结果判定：标准色阶卡对比，读出样品中铝的含量。

四、硫黄熏蒸食品鉴别

◎食品中二氧化硫快速检测试剂盒

称 1 g 样品于样品杯中

加入蒸馏水 10 mL

振荡后，静置 10 min，得提取液

在比色管中，加入 2 滴检测液 A、1 滴检测液 B、0.5 mL 提取液，混匀

放置 2 min，观察颜色变化

结果判定： 溶液显示明显的紫红色，说明样品中含有 SO_2，且颜色越深表示 SO_2 浓度越高。对照标准比色板可对样品中的进行 SO_2 半定量判定，如下图所示。

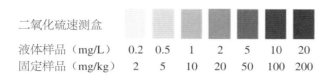

二氧化硫速测盒
液体样品（mg/L） 0.2　0.5　1　2　5　10　20
固定样品（mg/kg） 2　5　10　20　50　100　200

五、硼砂食品鉴别

食品硼砂快速检验纸片适用于各种猪、牛、鱼、虾肉丸、肉馅、风味小吃内馅、糕点、点心、粽子、米粉等食品中硼砂及硼酸的快速检测。

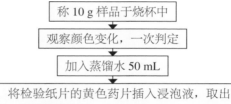

称 10 g 样品于烧杯中
↓
观察颜色变化，一次判定
↓
加入蒸馏水 50 mL
↓
将检验纸片的黄色药片插入浸泡液，取出后，用电吹风吹干
↓
振荡浸泡 5~10 min
↓
将白色药片用蒸馏水浸湿，对折，使白色和黄色药片叠合
↓
观察颜色变化，两次判定

结果判定： 两次结果一致，更准确可靠。颜色无变化（呈黄色或略灰色）即为阴性，呈橙色或红褐色即为阳性，对照标准比色板可对样品中的硼砂或硼酸进行半定量判定，如下图所示。

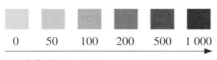

0　50　100　200　500　1 000
硼砂含量（mg/kg）

第三节　豆制品掺伪鉴别

一、豆芽掺伪鉴别

1. 感官鉴别

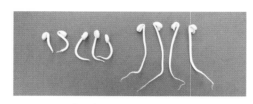

毒豆芽（左）与自然培育的豆芽（右）

鉴别项目	自然培育的豆芽	毒豆芽
芽身	芽身挺直、稍细，芽脚不软、脆嫩、光泽白	用激素、抗生素催生的豆芽，则芽身粗壮发水，色泽灰白
芽根	根须发育良好，无烂根、烂尖	根短、少根或无根
芽粒	豆粒正常	豆粒发蓝
芽秆	豆芽秆断面无水分冒出	断面会有水分冒出

2. 化学鉴别

◎豆芽氨氮速测盒（化肥催发的有毒豆芽检测）

取豆芽茎部研压出汁液

0.2 mL 塑料滴管取 10 滴于提取瓶中

加入 30 mL 蒸馏水

摇匀，静置 3 min

取 1 mL 于显色管中

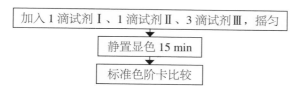

加入 1 滴试剂 I、1 滴试剂 II、3 滴试剂 III，摇匀

静置显色 15 min

标准色阶卡比较

结果判定：将显色管与色阶卡进行比较，即可读出豆芽中氨氮的含量。如果样品中氨氮含量 ≥ 50 mg/kg，即可判定为阳性，说明豆芽培育过程中使用了铵盐类化肥。

豆芽中氨氮比色卡

0 10 20 50 100 200

氨氮含量（mg/kg）

◎豆芽六价铬速测盒

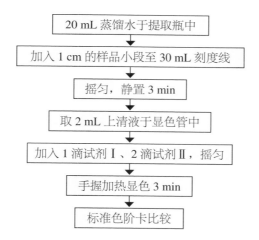

20 mL 蒸馏水于提取瓶中

加入 1 cm 的样品小段至 30 mL 刻度线

摇匀，静置 3 min

取 2 mL 上清液于显色管中

加入 1 滴试剂 I、2 滴试剂 II，摇匀

手握加热显色 3 min

标准色阶卡比较

结果判定：将显色管与色阶卡进行比较，即可读出提取液中六价铬的含量。

六价铬比色卡

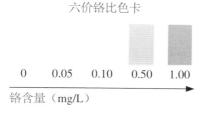

0   0.05   0.10   0.50   1.00

铬含量（mg/L）

二、豆腐掺伪鉴别

传统豆腐（左）与人工合成豆腐（右）对比

鉴别项目	传统豆腐	人工合成豆腐
色泽	取一块豆腐在散射光线下直接观察，呈均匀的乳白色或淡黄色，稍有光泽	因为加入了白色素，比起传统豆腐要白得多，无光泽，内有水纹、气泡、细微颗粒等
组织结构	用手按压，有一定的弹性，软硬适度	切面处会比较粗糙，质地不细腻，弹性较差，且没有白色豆腐液体流出
气味	有大豆的香味	由大豆分离蛋白制成，气味很淡，甚至有化学药剂的味道

三、腐乳掺伪鉴别

鉴别项目	优质腐乳	劣质腐乳
色泽	观察内部。红方表面呈红色或枣红色，内部呈杏黄色，色泽鲜艳，有光泽；白方外表呈乳黄色；青方外表呈豆青色	色调灰暗，无光泽，有黑色、绿色斑点
组织状态	块形整齐均匀，质地细腻，无霉斑、霉变或杂质	质地稀松或变硬板结，有虫蛹、霉变现象
气味	具有腐乳特有的香味或特征气味，无任何其他异味	有腐臭味、霉味或其他不良气味
滋味	滋味鲜美，咸淡适口，无其他任何异味	有苦味、涩味、酸味或其他不良滋味

四、豆浆掺伪鉴别

1. 感官鉴别

鉴别项目	纯豆浆	勾兑豆浆
颜色	呈均匀一致的乳白色或淡黄色，倒入碗中有黏稠感，略凉时表面有一层油皮	颜色偏淡，偏白
沉淀物	浆体细腻，稍有沉淀	有沉淀或杂质
气味	有一股大豆的清香味，还有一点豆腥味	有大豆香气，闻久了甚至会头晕、胸闷

2. 化学鉴别

◎豆浆生熟度检测试剂盒

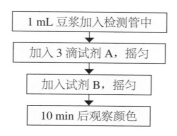

结果判定：未煮熟的豆浆呈砖红色至粉红色，煮熟的豆浆为浅黄色。

五、腐竹掺伪鉴别

1. 感官鉴别

鉴别项目	优质腐竹	次质腐竹	劣质腐竹
颜色	呈淡黄色，有光泽	色泽较暗淡或呈清白色，无光泽	外形粗糙，颜色较杂，白黄、黑焦交错，呈灰黄色、深黄色或黄褐色，无光泽
组织结构	呈枝条或片叶状，蛋白质呈纤维状，迎着光线能看到瘦肉状的一丝丝纤维组织，质脆易折	呈枝条或片叶状，有较多折断的碎块，折断面有小白点	看不到瘦肉状纤维

（续表）

鉴别项目	优质腐竹	次质腐竹	劣质腐竹
气味	具有腐竹固有的香味，无其他任何异味	香气平淡	有霉味、酸臭味等不良气味
味道	鲜香	滋味平淡	有苦、咸涩或酸等不良滋味

2. 物理鉴别

◎浸泡法鉴别

取腐竹在温水中浸泡 10 min，以软为宜。

鉴别项目	优质腐竹	劣质腐竹
泡水颜色	所泡的水为淡黄色、不混浊	所泡的水较混浊
组织结构	水泡后，有一定弹性，且能撕成一丝一丝	水泡后不能撕成一丝一丝
味道	口感柔韧	口感较软

◎蒸煮法鉴别

取腐竹在 110℃的高温下蒸煮，优质腐竹可承受 110℃的高温不烂，而劣质腐竹软烂如泥。

3. 化学鉴别

◎碘酒浸泡法

取腐竹少量，用碘酒浸泡，如果腐竹放入碘酒后，颜色变蓝色，且越深，则其淀粉含量越高，腐竹质量越差。

◎掺入吊白块鉴别

吊白块检测试剂盒方法详见化学方法鉴别"面粉中掺入吊白块"。

◎掺入硼砂鉴别

硼砂检测试剂盒方法详见硼砂食品鉴别。

第四节　淀粉及淀粉制品掺伪鉴别

一、淀粉掺伪鉴别

淀粉掺假以掺入面粉、玉米面、荞麦面等为主。

鉴别项目	操作方法	纯淀粉	掺假淀粉
堆尖情况	将淀粉攒成堆	堆尖较低而坡缓	堆尖高而坡陡
含水量	抓一把淀粉用力握，然后手放开	捏不成团，较松散	淀粉被捏成团，水超标
色泽	—	颜色洁白或灰白，有光泽，手捻时有细腻的光滑感	手捻时无细腻的光滑感
听声音情况	用手在装有淀粉的塑料袋外捏搓	听到轻微的不间断的"咔咔"响声	没有响声或声响极小
咀嚼情况	取少量淀粉放在嘴里细细咀嚼	正常淀粉味道，无异物感	有异味或牙碜感觉的可能是掺有沙土或白陶土
水检验情况	取少量淀粉，用冷水滴在上面，仔细观察	水较快渗入淀粉里，形成坚硬的湿粉块，其表面不粘手指，有光滑的感觉	水渗得缓慢，形成的湿粉块松软，其表面沾手指，并有粘的感觉

二、粉丝（条）掺伪鉴别

1. 感官鉴别

鉴别项目	操作方法	优质粉丝（条）	劣质粉丝（条）
色泽	亮光下观察	色泽洁白，带有光泽	色泽灰暗，无光泽
组织状态	用手弯、折，感受韧性和弹性	粗细均匀，无并条，无碎条，手感柔韧，有弹性，无杂质	有大量的并条和碎条，有霉斑，有大量杂质

（续表）

鉴别项目	操作方法	优质粉丝（条）	劣质粉丝（条）
气味	热水浸泡，再嗅其气味	无异味	有霉味、酸味、苦涩味及其他外来滋味
味道	热水泡软，细细咀嚼	滋味正常，无异味	口感不佳，牙碜

2. 物理鉴别

◎水煮法

取 10 根截取 15 cm 长无机械损伤的粉丝（条），在 1 000 mL 烧杯中加水 900 mL，水沸后加入粉丝（条）并加盖，煮沸 15 min。优质粉丝（条）无断条，无粘连，清汤。劣质粉丝（条）有大量断条，汤浑，甚至呈糊状。

◎燃烧法

将粉条点燃，观察火焰及燃烧后的残渣。优质粉丝（条）燃烧时呈黄色，残渣易呈卷筒状；掺塑料粉丝（条）易点燃，燃烧时底部火焰呈蓝色，上部呈黄色，有轻微的塑料味，残渣呈黑长条状；掺胶粉丝（条）容易产生啪啪响声；掺滑石粉或者没有用精制淀粉制作的粉丝（条）不易燃烧且残渣容易起硬团粒；掺面粉或其他低值填充物的粉丝（条）易产生蛋白质燃烧的臭味和浓烟。

第五节　糕点类食品掺伪鉴别

一、蛋糕掺伪鉴别

鉴别项目	优质蛋糕	次质蛋糕	劣质蛋糕
色泽	表面油润，顶和墙部呈金黄色，底部呈棕红色，色彩鲜艳，富有光泽，无焦煳或黑色斑块	表面不油润，呈深棕红色，火色不均匀，有焦边或黑斑	表面呈棕黑色，底部黑斑很多
形状	块形丰满周正，大小一致，薄厚均匀，表面有细密的小麻点，不沾边，无破碎，无崩顶	块形不太圆整，细小麻点不明显，稍有崩顶破碎	大小不一致，崩顶破碎过于严重
组织结构	起发均匀，柔软而具弹性，不死硬，切面呈细密的蜂窝状，无大空洞，无硬块	起发稍差，不细密，发硬。偶尔能发现大空洞	杂质较多，不起发，无弹性，有面疙瘩
气味	蛋香味纯正	蛋香味稍差	有哈喇味、焦煳味
口感	松软香甜，不撞嘴，不粘牙，具有蛋糕特有的风味	松软程度稍差，没有明显的特有风味	味道不纯正

二、饼干掺伪鉴别

1. 感官鉴别优劣饼干

鉴别项目	优质饼干	劣质饼干
外观	外形完整，花纹清晰，组织细腻，厚薄均匀，无收缩、变形，有细密均匀的小气孔，用手掰易折断，无杂质	组织粗糙，破碎严重，有污点，有的饼干含有杂质甚至发霉
气味	具有特有香味，无异味。	有油脂酸败哈喇味
口感	甜味纯正，酥松香脆，不粘牙	口感紧实，不酥脆
韧性	饼干表面、底部、边缘呈均匀一致的金黄色，表面有光亮的糊化层	色泽不太均匀，表面无光亮感，有生面粉，稍有异色

2. 感官鉴别石蜡油饼干

鉴别项目	植物油饼干	石蜡油饼干
外观	表面无油腻腻的感觉	表面呈现油腻腻的金黄色
气味	不会很香	有明显的香味
手感	不粘手	会粘手，且有油腻感
燃烧情况	不容易燃烧	很容易燃烧且冒黑烟

三、月饼掺伪鉴别

优劣月饼对比

鉴别项目	优质月饼	劣质月饼
色泽	火色均匀，皮沟不泛青，表皮有蛋液及油脂光泽	表面生糊严重，有青沟、崩顶现象
形状	块形周正圆整，厚薄均匀，花纹清晰，表面无裂纹、不露馅	块形大小不均匀，跑糖露馅严重
组织结构	不偏皮偏馅，无空洞，不含杂质	皮馅坚硬干裂，有较大空洞，含有杂质异物
气味	清香无异味	有异味或发霉味
口感	甜度适中，馅料油润细腻、不发黏	皮粗馅硬

四、面包掺伪鉴别

1. 感官鉴别

优质面包（左）和劣质面包（右）对比

鉴别项目	优质面包	劣质面包
色泽	表面呈金黄色至棕黄色，色泽均匀一致，有光泽，无烤焦、发白现象	表面呈黑红色，底部为棕红色，光泽度略差，色泽分布不均
组织结构	从切面观察到气孔均匀细密，无大孔洞，内质洁白而富有弹性，果料散布均匀，组织蓬松似海绵状	组织蓬松、柔软程度稍差，气孔不均匀，弹性差
气味	有酵母发酵后特有的清香味，食之甜软，不粘牙	有酸味，柔软程度差，食之不利口

2. 化学鉴别

◎面制品中溴酸钾检测试剂盒

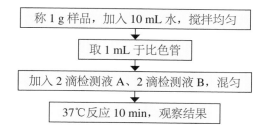

称 1 g 样品，加入 10 mL 水，搅拌均匀

↓

取 1 mL 于比色管

↓

加入 2 滴检测液 A、2 滴检测液 B，混匀

↓

37℃反应 10 min，观察结果

结果判定：样品中若有溴酸钾存在时，会有蓝色出现。

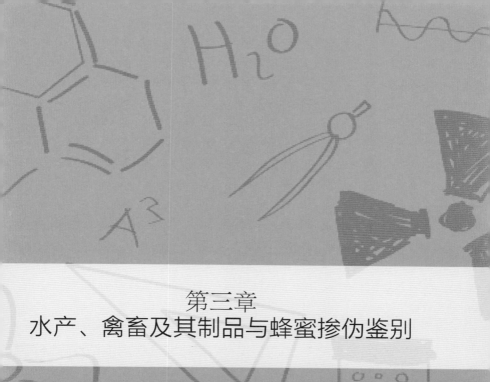

第三章
水产、禽畜及其制品与蜂蜜掺伪鉴别

第一节 水产品及其制品掺伪鉴别

对于水产品来讲，首先是观察其鲜活程度，是否具备一定的生命活力；其次是看外观形体的完整性，注意有无伤痕、鳞爪脱落、骨肉分离等现象；再次是观察其体表卫生洁净程度，即有无污秽物和杂质等；然后才是看其色泽，嗅其气味，有必要的话还要品尝其滋味。

一、鲜鱼质量鉴别

鉴别项目	新鲜鱼	次鲜鱼	腐败鱼
眼球	眼球饱满突出，角膜透明清亮，有弹性	眼球不突出，眼角膜起皱，稍变混浊，有时眼内溢血发红	眼球塌陷或干瘪，角膜皱缩或有破裂
鱼鳃	鳃丝清晰，呈鲜红色，黏液透明，具有海水鱼的咸腥味或淡水鱼的土腥味，无异臭味	鳃色变暗，呈灰红色或灰紫色，黏液轻度腥臭，气味不佳	鳃呈褐色或灰白色，有污秽的黏液，带有令人不愉快的腐臭气味
体表	有透明的黏液，鳞片有光泽，且与鱼体贴附紧密，不易脱落（鲳、大黄鱼、小黄鱼除外）	黏液多不透明，鳞片光泽度差且较易脱落，黏液黏腻而混浊	体表暗淡无光，表面附有污秽黏液，鳞片与鱼皮脱离，具有腐臭味
肌肉	肌肉坚实有弹性，指压后凹陷立即消失，无异味，肌肉切面有光泽	肌肉稍呈松散，指压后凹陷消失得慢，稍有腥臭味，肌肉切面有光泽	肌肉松散，易与鱼骨分离，指压时形成的凹陷不能恢复或手指可将鱼肉刺穿
腹部外观	腹部正常、不膨胀，肛孔白色，凹陷	腹部膨胀不明显，肛门稍突出	腹部膨胀、变软或破裂，表面发暗灰色或有淡绿色斑点，肛门突出或破裂

腐败鱼（左）与新鲜鱼（右）对比

二、黄鱼质量鉴别

鉴别项目	新鲜黄鱼	次鲜黄鱼
体表	呈金黄色，有光泽，鳞片完整，不易脱落	呈淡黄色或白色，光泽较差，鳞片不完整，容易脱落
鱼鳃	鳃色红或紫红，无异臭或鱼腥臭，鳃丝清晰	鳃色暗红、暗紫、棕黄或灰红，有腥臭，但无腐败臭，鳃丝粘连
鱼眼	眼球饱满凸出，角膜透明	眼球平坦或稍陷，角膜稍混浊
肌肉	肉质坚实，富有弹性	肌肉松弛，弹性差，如果肚软或破肚，则是变质的黄鱼
液腔	黏液腔呈鲜红色	黏液腔呈淡红色

三、带鱼质量鉴别

鉴别项目	新鲜带鱼	次鲜带鱼
体表	富有光泽，全身鳞全，鳞不易脱落，翅全，无破肚和断头现象	光泽较差，银磷容易脱落，全身仅有少数银磷，鱼身变为香灰色，有破肚和断头现象
鱼眼	眼球饱满，角膜透明	眼球稍陷缩，角膜稍混浊
肌肉	肌肉厚实，富有弹性	肌肉松软，弹性差

四、鲳鱼质量鉴别

鉴别项目	新鲜鲳鱼	次鲜鲳鱼
体表	鳞片紧贴鱼身，鱼体坚挺，有光泽	鳞片松弛易脱落，鱼体光泽少或无光泽

（续表）

鉴别项目	新鲜鲳鱼	次鲜鲳鱼
鱼鳃	揭开鳃盖，鳃丝呈紫红色或红色清晰明亮	鳃丝呈暗紫色或灰红色，有混浊现象，并有轻微的异味
鱼眼	眼球饱满，角膜透明	眼球凹陷，角膜较混浊
肌肉	肉质致密，手触弹性好	肉质疏松，手触弹性差

五、鲚鱼质量鉴别

鲚鱼的特点是体型狭长而平，臀鳍和尾鳍连在一起，胸鳍上有5条须，头尖跟小，色泽银白，颇似一把尖刀。

鉴别项目	优质鲚鱼	劣质鲚鱼
体表	鳞片紧贴鱼体，有光泽	鳞片松弛，易脱落，体表光泽差
鱼鳃	揭开鳃盖，鳃丝呈枯黄色，并清晰明亮	鳃丝呈淡黄色，并有粘连的现象
鱼眼	眼球饱满，清晰透明	眼球平坦或稍凹陷，稍混浊
气味	无异味	有异味

六、鲐鱼质量鉴别

鉴别项目	优质鲐鱼	劣质鲐鱼
体表	富有光泽，纹理清晰	体表光泽差，纹理可见
鱼鳃	鳃体呈暗红色，无异味，有透明均匀的黏液覆盖着，鳃丝清晰	鳃体呈暗紫色或浅灰褐色，稍有异味，鳃丝粘连
鱼眼	眼球饱满凸出，角膜透明	眼球平坦或凹陷，角膜混浊，有的眼红
肌肉	肉质坚实，手触有弹性	肉质松弛，手触弹性差，肚软发黄、肚破、糊嘴等

七、鲱鱼质量鉴别

鉴别项目	优质鲱鱼	劣质鲱鱼
体表	有光泽，背青黑色	光泽差，背暗黑色
鱼鳃	色泽鲜红，鳃丝清晰	色暗红或暗紫，鳃丝粘连，有腥臭
鱼眼	眼球饱满凸出，角膜透明	眼球平坦或稍陷，角膜呈混浊状
肌肉	鱼肉质坚实，手触有弹性	肉质松弛，手触弹性差
肛门	肛门呈紧缩状态	肛门向外凸出

八、池鱼质量鉴别

鉴别项目	优质池鱼	劣质池鱼
体表	有发亮的光泽，鳞片完整，不易脱落	体表光泽差，鳞片不完整，易脱落
鱼鳃	鳃丝色泽鲜红，清晰	鳃丝色泽淡红或紫红，鳃丝粘连，无异臭或稍有腥臭
鱼眼	眼球饱满、凸出，角膜透明	眼球平坦或稍陷，角膜稍混浊
肌肉	肉质坚实，有良好的弹性	肉质松弛，弹性差

九、三文鱼掺伪鉴别

　　三文鱼并不是指某种鱼，它是一些鲑科鱼类或鲑鳟鱼类的俗称，如挪威三文鱼，主要为大西洋鲑鱼。而虹鳟鱼是鲑科太平洋鲑属的一种冷水性塘养鱼类，因成熟个体沿侧线有一棕红色纵纹，似彩虹而得名。因为虹鳟价格便宜，因此被不法商家用来冒充三文鱼。从外形上来鉴别，虹鳟身体有一棕红色纵纹，大西洋鲑鱼没有。

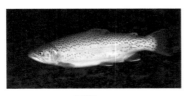

虹鳟　　　　　　　　　　大西洋鲑鱼

鱼块鉴别方法：

鉴别项目	三文鱼	虹鳟鱼
鱼肉颜色	呈橙红色	偏向于暗红色
鱼鳞形状	呈菱形	细密呈圆形
鱼肉纹路	白色纹路清晰完整，走向一致	白色纹路不明显，走向散乱
鱼肉手感	沿鱼肉的脂肪纹路抚摸，手感平滑	沿鱼肉的脂肪纹路抚摸，手感凹凸不平
口感	肉质纤维较细，即使大块入口也无渣	大块食用有渣，需要切小片食用

十、冻鱼质量鉴别

鉴别项目	优质冻鱼	劣质冻鱼
体表	色泽光亮，有鲜鱼般的鲜艳，体表清洁，肛门紧缩	体表暗无光泽，肛门凸出
鱼眼	眼球饱满凸出，角膜透明，洁净无污物	眼球平坦或稍陷，角膜混浊发白
组织	体型完整无缺，用刀切开检查，肉质结实不离刺，脊骨处无红线，胆囊完整不破裂	体型不完整，用刀切开后，肉质松散，有离刺现象，胆囊破裂

十一、咸鱼质量鉴别

鉴别项目	优质咸鱼	次质咸鱼	劣质咸鱼
色泽	色泽新鲜，具有光泽	色泽不鲜明或暗淡	发黄或变红
体表	体表完整，无破肚及骨肉分离现象，体形平展，无残鳞、无污物	鱼体基本完整，但可有少部分变成红色或轻度变质，有少量残鳞或污物	体表不完整，骨肉分离，残鳞及污物较多，有霉变现象

（续表）

鉴别项目	优质咸鱼	次质咸鱼	劣质咸鱼
肌肉	肉质致密结实，有弹性	肉质稍软，弹性差	肉质疏松易散
气味	具有咸鱼所特有的风味，咸度适中	可有轻度腥臭味	具有明显的腐败臭味

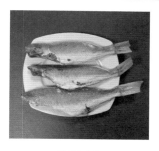

优质咸鱼

十二、干鱼质量鉴别

鉴别项目	优质干鱼	次质干鱼	劣质干鱼
色泽	外表洁净有光泽，表面无盐霜，鱼体呈白色或色泽稍淡	外表光泽度差，色泽稍暗	暗淡，无光泽，发红或呈灰白色、黄褐色、浑黄色
气味	具有干鱼的正常风味	可有轻微的异味	有酸味、脂肪酸败或腐败臭味
组织状态	鱼体完整、干度足，肉质韧性好，切割刀口处平滑无裂纹、破碎和残缺现象	鱼体外观基本完善，但肉质韧性较差	肉质疏松，有裂纹、破碎或残缺，水分含量高

优质干鱼

十三、对虾质量鉴别

鉴别项目	优质对虾	次质对虾
色泽	色泽正常，卵黄按不同产期呈现出自然的光泽	色泽发红，卵黄呈现出不同的暗灰色
体表	虾体清洁而完整，甲壳和尾肢无脱落现象，虾尾无变色或有极轻微的变色	虾体不完整，全身黑斑多，甲壳和尾肢脱落，虾尾变色面大
肌肉	肌肉组织坚实紧密，手触弹性好	肌肉组织很松弛，手触弹性差
气味	气味正常，无异味感觉	气味不正常，一般有异臭味感觉

十四、青虾质量鉴别

青虾的特点是：头部有须，胸前有爪，两眼突出，尾呈"又"字形，体表青色，肉质脆嫩，滋味鲜美。

鉴别项目	优质青虾	次质青虾
体表颜色	色泽青灰，外壳清晰透明	色泽灰白，外壳透明较差
头体连接程度	头体连接紧密，不易脱落	头体连接不紧，容易脱离
肌肉	色泽青白，肉质紧密，尾节伸屈性强	虾色泽青白度差，肉质稍松，尾节伸屈性稍差

十五、养殖虾和海捕虾鉴别

鉴别项目	养殖虾	海捕虾
须	很长	短
头部	"虾枪"长	"虾枪"短
齿	锐利	钝
质地	虾壳较薄软，肉质松软	质地坚硬
烹饪后色泽	红色较浅	通体发红

十六、螃蟹质量鉴别

鉴别项目	新鲜螃蟹	次鲜螃蟹	腐败螃蟹
体表	体表色泽鲜艳，背壳纹理清晰而有光泽；腹部甲壳和中央沟部位的色泽洁白且有光泽，脐上部无胃印	体表色泽微暗，光泽度差，腹脐部可出现轻微的"印迹"，腹面中央沟色泽变暗	体表及腹部甲壳色暗，无光泽，腹部中沟出现灰褐色斑纹或斑块，或能见到黄色颗粒状滚动物质
蟹鳃	鳃丝清晰，白色或稍带微褐色	鳃丝尚清晰，色变暗，无异味	鳃丝污秽模糊，呈暗褐色或暗灰色
肢体和鲜活度	肢体连接紧密，提起蟹体时，不松弛也不下垂；反应机敏，动作快速有力	生命力明显衰减，反应迟钝，动作缓慢而软弱无力；肢体连接程度较差，提起蟹体时，蟹足轻度下垂或挠动	已不能活动；肢体连接程度很差，在提起蟹体时蟹足与蟹背呈垂直状态，足残缺不全

新鲜螃蟹

十七、蟹肉与人造蟹肉的鉴别

鉴别步骤：将样品薄薄地涂抹在显微镜的载玻片上，上面再盖一张同样载玻片，两端用橡皮筋扎紧，将载玻片置于发光器发出的光束下，样品若是鳕鱼或其他鱼肉加工的，或者掺有其他鱼肉，都会显示出有色条纹或图案，而未掺入鱼肉的蟹肉则无此现象。

十八、牡蛎质量鉴别

鉴别项目	优质牡蛎	劣质牡蛎
颜色	白色或淡灰色	色泽发暗
体表	肉质饱满，质地稍软，体液澄清	体液混浊
气味	有牡蛎固有的气味	有异臭味

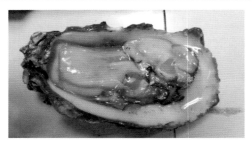

优质牡蛎

十九、熟制贝肉质量鉴别

鉴别品种	新鲜熟贝肉	不新鲜熟贝肉
贝肉	色泽正常且有光泽，无异味，手摸有爽滑感，弹性好	色泽减退或无光泽，有酸味，手感发黏，弹性差
赤贝	深黄褐色或浅黄褐色，有光泽，弹性好	呈灰黄色或浅绿色，无光泽，无弹性
海螺肉	呈乳黄色或浅黄色，有光泽，有弹性，局部有玫瑰紫色斑点	呈白色或灰白色，无光泽，无弹性

二十、海蜇头和海蜇皮质量鉴别

1. 海蜇头分级

一级品：肉干完整，色泽淡红，富有光亮，质地松脆，无泥沙及夹杂物，无腥臭味。

二级品：肉干完整，色泽较红，光亮差，无泥沙，但有少量夹杂物，无腥臭味。

2. 海蜇皮质量鉴别

鉴别项目	优质海蜇皮	次质海蜇皮	劣质海蜇皮
色泽	呈白色、乳白色或淡黄色，表面湿润而有光泽，无明显的红点	呈灰白色或茶褐色，表面光泽度差	表面呈现暗灰色或发黑
脆性	松脆而有韧性，口嚼时发出响声	松脆程度差，无韧性	质地松酥，易撕开，无脆性和韧性
厚度	整张厚薄均匀	厚薄不均匀	片张厚薄不均
形状	自然圆形，中间无破洞，边缘不破裂	形状不完整，有破碎现象	形状不完整，易破裂

二十一、人造海蜇与天然海蜇的鉴别

鉴别项目	天然海蜇	人造海蜇
色泽	乳白色、肉黄色、淡黄色，表面湿润而光泽，其形状呈自然圆形，无破边	色泽微黄或呈乳白色
牵拉	不易折断	易于断裂
口感	口咬时发出响声，并有韧性	粗糙如嚼粉皮并略带涩味，脆而缺乏韧性

二十二、海参质量鉴别

鉴别项目	优质海参	次质海参	劣质海参
个头	体大，个头整齐均匀	个头均匀整齐	个头不整齐，瘦小
干度	干度足（水分在22%以下），水发量大	干度足（水分在22%以下）	干度不足，水发后参体发软，毫无弹性
参肉	形体完整，肉肥厚，肉刺齐全无缺损，有新鲜光泽	肉稍薄，个别的有化皮现象，肉刺稍有损伤	有化皮现象
膛内	开口端正，膛内无余肠和泥沙	膛内余肠、泥沙均存留较少	膛内余肠、泥沙均存留较多

优质海参

二十三、水产品鲜度的快速鉴别

1. 硫化氢的测定

称取鱼肉 20 g，装入玻璃瓶内

↓

加入 10% 硫酸液 40 mL

↓

取大于瓶口的方形或圆形滤纸一张，在滤纸块中央滴 10% 醋酸铅碱性液 1~2 滴，然后将有液滴的一面向下覆盖在瓶口上并用橡皮圈扎好

↓

15 min 后取下滤纸块，观察其颜色有无变化

结果判定：

新鲜鱼——滴醋酸铅碱性液处，颜色无变化，为阴性反应（－）。

次鲜鱼——在接近醋酸铅碱性液边缘处，呈现微褐色或褐色痕迹，为疑似反应（±）或弱阳性反应（＋）。

腐败鱼——滴液处全是褐色，边缘处色较深，为阳性反应（＋＋）；或全部呈深褐色，为强阳性反应（＋＋＋）。

2. 氨的测定

取蚕豆大一块鱼肉，挂在一端附有胶塞另一端带钩的玻璃棒上

↓

用吸管吸取爱贝尔试液（取 25% 比重为 1.12 的盐酸 1 份，无水乙醚 1 份，96% 酒精 3 份混合即成）2 mL，注入试管内

↓

稍加振摇后，把带胶塞的玻璃棒放入试管内（注意，勿碰管壁），直到检样距液面 1~2 cm 处，迅速拧紧胶塞，立即在黑色背景下观察，看试管中样品周围的变化

结果判定：

新鲜鱼——无白色云雾出现，为阴性反应（-）。

次鲜鱼——在取出检样离开试管的瞬间有少许白色云雾出现，但立即消散，为弱阳性反应（＋）；或检样放入试管后，经数秒钟后才出现明显的云雾状，为阳性反应（＋＋）。

变质鱼——检样放入试管后，立即出现云雾，为强阳性反应（＋＋＋）。

3. 水产品中甲醛的鉴别

鉴别项目	泡过甲醛的水产品
色泽	外观虽然鲜亮悦目，但色泽偏红
气味	会嗅出一股刺激性的异味，掩盖了食品固有的气味
组织结构	手感较硬，而且质地较脆，手捏易碎
味道	煮熟后吃在嘴里会感到生涩，缺少鲜味

这里介绍一个简单的化学方法：将品红亚硫酸溶液滴入水发食品的溶液中，如果溶液呈现蓝紫色，即可确认浸泡液中含有甲醛。

第二节　禽畜肉及其制品掺伪鉴别

一、鲜猪肉质量鉴别

鉴别项目	新鲜猪肉	次鲜猪肉	变质猪肉
外观	外膜微干或微湿，暗灰色，有光泽，切面略湿，不粘手，肉汁透明	外膜风干或潮湿，暗灰色，无光泽，切面色泽暗，有黏性，肉汁混浊	外膜极度干燥或粘手，灰色或绿色，粘有霉变，切面暗灰色，黏，肉汁严重混浊
气味	正常气味	轻微氨味、酸味或酸霉味，深层无此味	表层、深层均有腐臭味
弹性	结实紧致，富有弹性	柔软，弹性小	失去弹性
脂肪	白色，有光泽，有时呈肌肉红色，柔软有弹性	灰色，无光泽，容易粘手，略带油脂酸败和哈喇味	表面污秽，有黏液，霉变，呈淡绿色，脂肪组织很软，具有油脂酸败气味
肉汤	透明、芳香，汤表面大量油滴，味鲜美	混浊，汤表面油滴较少，无鲜味，略有油脂酸败味	极混浊，无油滴，具浓厚的油脂酸败或腐败臭味

新鲜猪肉

变质猪肉

二、冻猪肉质量鉴别

鉴别项目	优质冻猪肉	次质冻猪肉	变质冻猪肉
色泽	色红，均匀，有光泽，脂肪洁白，无霉点	红色稍暗，缺乏光泽，脂肪微黄，有少量霉点	暗红，无光泽，脂肪污黄色或灰绿色，有霉点
肉质	肉质紧密，坚实感	软化或松弛	松弛
黏度	切面微湿润，不粘手	湿润，微粘手，切面有渗出液不粘手	湿润，粘手，切面渗出液也粘手
气味	无臭味，无异味	稍有氨味或酸味	氨味、酸味或臭味明显

三、猪心质量鉴别

鉴别项目	新鲜猪心	变质猪心
色泽	淡红色，脂肪乳白带微红色	红褐色或绿色，脂肪呈淡红色或灰绿色
肉质	结实，有韧性和弹性	松软易碎，无弹性
气味	正常	有异臭味

四、猪肺质量鉴别

鉴别项目	新鲜猪肺	变质猪肺	病变猪肺
外观	粉红色，有光泽，有弹性，无异味	白色或绿褐色，无光泽，无弹性，松软	肺充血、肺水肿、肺气肿、肺寄生虫、肺坏疽，轻度的为局部性病变

五、猪肝质量鉴别

鉴别项目	新鲜猪肝	变质猪肝	病变猪肝
色泽	红褐色或棕红色，具光泽	青绿色或灰褐色，无光泽	有肝色素沉着、肝出血、肝坏死、肝脓肿、肝脂肪变性、肝包虫病等
组织	润滑，致密结实，切面整齐	切面模糊	
弹性	有弹性	弹性差	
气味	略有血腥气味	具有酸败或腐臭味	

六、猪肚质量鉴别

鉴别项目	新鲜猪肚	变质猪肚
色泽	乳白色或淡黄褐色	淡绿色
组织	黏膜清晰，有较强的韧性	黏膜模糊，组织松弛，易破
气味	无腐败恶臭气味	有腐败恶臭气味

七、黄膘肉鉴别

1. 感官鉴别

肉的类别	黄染部位
黄脂肉	脂肪发黄；肉随放置时间的延长，黄色逐渐减退或消失
黄疸肉	脂肪、黏膜、巩膜、结膜、浆膜、血管膜、肌腱、皮肤，甚至实质器官都发黄；肉随放置时间的延长，黄色不退甚至愈黄

2. 理化鉴别

称取脂肪约 2 g，剪碎，置于带盖试管中

↓

加 5% 氢氧化钠溶液 5 mL，煮沸 1 min，使脂肪全部溶化，并不时振摇试管，防止液体溅出

↓

待试管冷却至以手触摸有温热感（40~50℃）时，再加入乙醚 3 mL，加盖，倒置试管数次，使溶液充分混匀

↓

静置，待溶液分层后观察颜色变化

↓

若上层乙醚液为黄色，下层溶液无色，则是天然色素被乙醚吸收所致，是黄脂	若上层乙醚液为无色，下层溶液为黄色或黄绿色，则是黄疸	若上、下层均呈黄色，界面清晰，表明检样中同时存在黄脂与黄疸

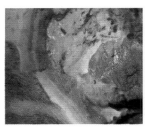

黄膘肉

八、米猪肉鉴别

囊虫包呈石榴粒状，白色，半透明。猪的腰肌是囊虫包寄生最多的地方。用刀子在肌肉上切剖，一般厚度间隔为 1 cm，连切四五刀后，在切面上仔细观察，如发现肌肉中附有石榴籽（或米粒）大小的水泡状物，即为囊虫包，可断定这种肉就是米猪肉。

米猪肉

九、注水肉鉴别

鉴别项目	正常猪肉	注水猪肉
观察	光泽，红色均匀，脂肪洁白，表面微干	缺乏光泽，表面有水淋淋的亮光
手感	有弹性，有粘手感	弹性差，亦无黏性
刀切情况	切面无水流出，肌肉间无冰块残留	水顺刀流出，或肌肉间有冰块残留
贴纸情况	纸不易揭下	容易揭下
试纸检测情况	渗水不超过试纸控制线	渗水超过试纸控制线

十、硼砂猪肉鉴别

鉴别项目	现象
色泽	失去原有的光泽，颜色要暗一些
手感	滑腻感，能嗅到微弱的碱味
pH 试纸检测情况	变成蓝色

十一、病死畜肉鉴别

鉴别项目	健康畜肉	病死畜肉
色泽	鲜红，有光泽，脂肪洁白（牛肉为黄色）	暗红或带有血迹，脂肪呈桃红色
组织	坚实，不易撕开，用手指按压后可立即复原	松软，肌纤维易撕开，肌肉弹性差
血管	全身血管中无凝结的血液，胸腹腔内无瘀血，浆膜光亮	全身血管充满了凝结的血液，尤其是毛细血管中更为明显，胸腹腔里暗红色

病死畜肉

十二、腊味质量鉴别

鉴别项目	优质腊味	次质腊味	劣质腊味
色泽	鲜艳，有光泽，呈鲜红或暗红色，脂肪透明或乳白色	稍暗，呈暗红色或咖啡色，脂肪呈淡黄色，表面有霉斑，一般可拭去	灰暗无光，脂肪呈黄色，表面有霉斑，且不可拭去
外观	干爽，结实致密，坚韧有弹性	轻度变软，尚有弹性	松软，无弹性，表面有黏液
气味	正常气味	轻度脂肪酸败味	明显脂肪酸败味

十三、火腿质量鉴别

鉴别项目	优质火腿	次质火腿	劣质火腿
色泽	深玫瑰色、桃红色或暗红色，脂肪呈白色、淡黄色或淡红色，有光泽	暗红色或深玫瑰红色，脂肪白色或淡黄色，光泽较差	酱色，有斑点，脂肪呈黄色或黄褐色，无光泽

鉴别项目	优质火腿	次质火腿	劣质火腿
外观	结实致密，有弹性，切面平整、光洁	较致密，略软，尚有弹性，切面平整，光泽较差	疏松稀软，甚至呈黏糊状
气味	正常气味	稍有酱味、花椒味、微弱酸味	腐败臭味或严重酸败味，哈喇味

十四、鲜牛肉真假鉴别

鉴别项目	真牛肉	假牛肉
颜色	肌理比较细腻，颜色呈现出均匀的红色，颜色比较深，肉质有光泽，且肌肉的纤维与纤维间为乳白色，纤维长度较长	颜色较浅，即使是通过特殊手段加工上色的也不会像真牛肉一样自然，纤维长度较短
脂肪和纹路	呈团状，颜色微黄，牛肉筋是紧嵌在肉里面的，是比较正常的纹路	颜色发白，如果是猪肉的话脂肪则呈片状，而且不一定有正常的纹路
气味	有膻味，虽不像羊肉那么浓，但是仔细闻有一种微微的膻味	不会有膻味，像猪肉的话应该只有肉的腥味，而没有膻味
质感	没打过水的牛肉摸起来应该是粘一点的，摸上去是比较紧实的，而且从牛肉断面上可以看到小块的纤维纹理	肉质结构较细和松软，如果是上色牛肉，摸完手上还会有牛肉掉下来的颜色
口感	牛肉的口感通常比较粗糙，嚼起来不易烂	煮出来的颜色较浅，发白，纤维不粗，肉质软嚼起来细嫩易烂

牛肉的质量还可以通过下表的感官指标进行鉴别。

鉴别项目	优质牛肉	劣质牛肉
色泽	有光泽，红色均匀，脂肪洁白或淡黄色	稍暗，脂肪缺乏光泽
气味	正常气味	稍有氨味或酸味
黏度	外表微干或有风干的膜，不粘手	外表干燥或粘手，切面湿润
弹性	指压后，凹陷能完全恢复	指压后，凹陷不能完全恢复
肉汤情况	透明澄清，脂肪团聚于肉汤表面，有牛肉特有的香味或鲜味	稍有混浊，脂肪呈小滴状浮于表面，香味差或无鲜味

十五、鲜羊肉质量鉴别

鉴别项目	优质鲜羊肉	劣质鲜羊肉
色泽	有光泽，红色均匀，脂肪洁白或淡黄色	稍暗，截面尚有光泽，脂肪缺乏光泽
气味	羊肉膻味	稍有氨味或酸味
弹性	指压后，凹陷能完全恢复	指压后，凹陷不能完全恢复
黏度	外表微干或有风干的膜，不粘手	外表干燥或粘手，截面湿润
肉汤情况	透明澄清，脂肪团聚于汤面，有羊肉特有的香味或鲜味	稍有混浊，脂肪小滴浮于汤面，香味差或无鲜味

十六、冻羊肉质量鉴别

鉴别项目	优质冻羊肉	次质冻羊肉	变质冻羊肉
色泽	色艳，有光泽，脂肪呈白色	稍暗，肉与脂肪缺乏光泽，切面稍有光泽，脂肪稍发黄	发暗，肉与脂肪无光泽，切面无光泽，脂肪微黄或淡黄色
气味	正常气味	稍有氨味或酸味	有氨味或酸味或腐臭味
外观	肌肉紧密，有坚实感，肌纤维韧性强	肌肉松弛，肌纤维尚有韧性	肌肉软化、松弛，肌纤维无韧性
黏度	外表微干或有风干的膜，不粘手	外表干燥或粘手，切面湿润发黏	外表非常干燥或很粘手，切面湿润发黏严重
肉汤情况	透明澄清，脂肪团聚于汤表面，有羊肉特有的香味或鲜味	稍有混浊，脂肪呈小滴浮于汤面，香味、鲜味均差	混浊，有污灰色絮状物悬浮，有异味甚至臭味

优质冻羊肉切片

冻羊肉卷可以通过以下几点进行真伪鉴别。

鉴别项目	真羊肉卷	假羊肉卷
颜色	粉红色或淡粉色	鲜红色或血红色
纹理	纹理细腻，外面一般有一层白色的脂肪膜，羊肉最大的特征是瘦肉中混杂脂肪，细看丝丝分明	卷纹理粗糙，切片后瘦肉多，呈大片状
油脂	当温度较低时，羊肉的油脂要比猪肉的油脂硬很多	—
化冻情况	即使用手撕，红白肉都是相连的	肉色鲜亮，红肉和白肉轻轻一碰就分开了
涮烫方式	煮熟后会变得更紧实，一片就是一片，不散开，少泡沫，吃在嘴里有羊肉的鲜香嫩	入锅即散、入锅泡沫多、肉质粗糙
肉质	在热水锅里煮大概 2 min，肉质变紧实了	在热水锅里煮大概 2 min，假羊肉卷被沸腾的热水冲击后散开了，颜色也变得不自然了

十七、鲜光鸡光鸭质量鉴别

鉴别项目	新鲜光鸡光鸭	次鲜光鸡光鸭	变质光鸡光鸭
眼球	饱满	皱缩凹陷，晶体稍浊	干缩凹陷，晶体混浊
色泽	有光泽，呈淡黄、淡红或灰白色，切面有光泽	色泽转暗，切面有光泽	无光泽，头颈部常带有暗褐色
气味	正常气味	腹腔内有轻度不愉快气味，但无异味	体表和腹腔均有不愉快气味甚至臭味
黏度	外表微干或微湿润，不粘手	外表干燥或粘手，新切面湿润	外表干燥或粘手腻滑，新切面发粘
弹性	指压后，凹陷立即恢复	指压后，凹陷恢复较慢，且不完全恢复	指压后，凹陷不恢复

鉴别注水鸡、鸭简易方法：

拍：注水鸡、鸭的肉富有弹性，用手一拍，便会听到"啵啵"的声音。

看：仔细观察，如果发现皮上有红色针点，周围呈乌黑色，表明注过水。

掐：用手指在鸡鸭的皮层下一掐，明显感到打滑的，一定是注了水的。

摸：注过水的鸡鸭用手一摸，会感觉到高低不平，好像长有肿块，而未注水的鸡鸭摸起来很平滑。

十八、肉松掺伪鉴别

按照生产标准的不同，肉松有三种名称：一是肉松，二是油酥肉松，三是用豌豆粉或玉米粉、香精加入肉松制成的肉粉松，以下是几种辨别真假肉松的方法。

鉴别项目	真肉松	掺杂肉松
颜色	浅咖啡色，有光泽，颜色均匀，里外一致	里面白，外面颜色深
手感	有弹性，呈疏松絮状，纤维明显	粉末多
味道	有天然肉香	有股香精味
水检情况	优质肉松放进水里，水依然很清，不混浊	有掺杂的肉松，一入水后，水很快就变混浊了

优质肉松

十九、驴肉掺伪鉴别

假驴肉多不含驴肉，而是由骡肉、马肉甚至猪肉，加上驴肉香精以及其他添加剂煮成，可以通过以下方法鉴别真假驴肉。

鉴别项目	真驴肉	假驴肉
颜色和肌肉纤维	驴肉颜色比牛肉鲜亮红，比骡、马肉光泽度高；正常熟肉呈现灰褐色	骡、马的肌肉中含较多量的红肌（颜色更深）、肌纤维也较粗；熟肉呈现粉红色或鲜艳的红色
味道	驴肉清香无杂味，入口回香。驴肉在炒熟之后，凑过去闻的话基本没有什么特殊的味道，而且结缔组织也比较透明，瘦肉部分煮熟后纤维也比较松散	骡、马肉因草腥味重，纤维较粗，呈暗红色，脂肪少，煮熟后，有一种酸涩的味道，为掩盖所以加香料量大，香料味足，一口下去更多的是香料味；合成肉味道平淡，有胶质和淀粉
价格	生驴肉的成本价格大约在60元/kg、熟驴肉100元/kg	价格比正常的驴肉低很多
汤色	新鲜优质驴肉煮沸过程中不会出现混浊现象，且汤液表面有薄薄一层油，肌纤维纹理清晰且不易断裂	肉汤混浊或肌肉容易碎

二十、掺伪禽畜肉及其制品的理化方法鉴别

1. 肉新鲜度的检测

◎ pH 测定法

pH	试纸颜色	结果判定
6.0	鲜黄色	新鲜肉
6.2	淡棕色	新鲜肉
6.4	淡黄绿色	不正常肉
6.5	橄榄绿色	不正常肉
6.8	蓝紫色、紫色	腐败肉

结果判定：新鲜肉的 pH 为 5.8~6.2，不新鲜的 pH 在 6.3~6.6 以上，变质肉 pH 在 6.7 以上。

◎球蛋白沉淀法

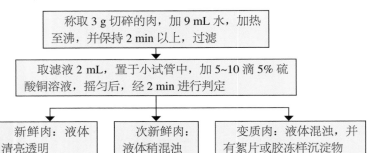

称取 3 g 切碎的肉，加 9 mL 水，加热至沸，并保持 2 min 以上，过滤

取滤液 2 mL，置于小试管中，加 5~10 滴 5% 硫酸铜溶液，摇匀后，经 2 min 进行判定

| 新鲜肉：液体清亮透明 | 次新鲜肉：液体稍混浊 | 变质肉：液体混浊，并有絮片或胶冻样沉淀物 |

2. 瘦肉精的鉴别

瘦肉精的正式名称是盐酸克仑特罗，简称克仑特罗，可使用胶体金卡法对瘦肉精进行定性鉴定。

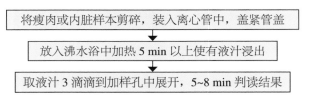

将瘦肉或内脏样本剪碎，装入离心管中，盖紧管盖

放入沸水浴中加热 5 min 以上使有液汁浸出

取液汁 3 滴滴到加样孔中展开，5~8 min 判读结果

结果判定：

阴性：C 线、T 线均显示颜色为阴性（含量小于试剂盒检出限）结果。

阳性：C 线显色，T 线无显色为阳性（含量大于试剂盒检出限）结果。

无效：未出现 C 线，表明不正确的操作过程或试剂已失效。

阳 性　　　阴 性　　　无 效

第三节　蜂蜜掺伪鉴别

一、蜂蜜等级鉴别

优质蜂蜜

鉴别项目	优质蜂蜜	劣质蜂蜜/掺假蜂蜜
表面特征	色浅，浓度高，口味纯正	口味不正，香气不浓
在散射光下表现	白色，均匀一致，透明度高	颜色深、暗，透明度差
黏度	黏度大，浓度高；用筷子头触及蜂蜜液面，感到弹性良好，挑起时筷子头上的蜜汁和液面形成又细又长、有拉力的丝条，断后即刻缩成钩状	黏度小，在滤纸浸蘸后会留下水的痕迹，有的有悬浮气泡堆集在液面上
口感	品尝时放在舌面上含而不咽，有甜润和浓香气	尝之口味酸，甚至有涩味

二、蜂蜜真假感官鉴别

鉴别项目	真蜂蜜	假蜂蜜
气味	有花香味，哪怕很淡，绝对没有酸味、工业味、腥味等；打开蜂蜜瓶后距离瓶口 10~20 cm 的距离，几秒就会闻到天然蜂蜜特有的香味，外界气温越高这种天然香味越浓、越明显	有酸味、工业味、腥味等；可采用对比方法，闻两瓶不同蜂蜜，一瓶真蜂蜜，一瓶假蜂蜜，一经对比就有很明显的差异

（续表）

鉴别项目	真蜂蜜	假蜂蜜
气泡	使劲摇晃，是有气泡产生的，在上层和中间都有气泡，比较均匀，并且会持久不消	没有气泡或者气泡很少
颜色	一般比较混浊	色泽鲜艳，透明，一般呈浅黄色或深黄色
口感	蜜味比较浓，而且比较纯正，糖的成分也比较适中，不会太甜	蜜味比较淡，吃到嘴里都是甜味而没有蜜味
标签	标签上写什么花的蜂蜜，或者纯蜂蜜	产品配料表中写着蔗糖、白糖、果葡糖浆、高果糖浆等

三、蜂蜜真假理化方法鉴别

鉴别类型	实验操作	结果判断
杂质鉴别	取 5 mL 蜂蜜，加 5 倍的水稀释搅匀静置 24 h	有悬浮团状物或沉淀形成，表明有杂物，沉淀物越多则掺杂量越大，纯蜂蜜无沉淀析出
	取一勺蜂蜜放入杯中，再加 4~5 倍热水使之溶化，静置 3~4 h	如无沉淀发生，则为无杂质蜂蜜
	用烧红的铁丝插入蜂蜜中	如果铁丝上附有黏物，说明蜂蜜中有杂质；如果铁丝上仍很光滑说明没有杂质
掺水鉴别	蜂蜜滴于白纸上	纯正蜂蜜呈珠状，不会渗开，而掺水蜂蜜则会渐渐渗开，渗开速度越快，掺的水分越多
	用火烧滴有蜂蜜的白纸	如有噼啪响声，不易点燃为掺水蜂蜜；可全部烧完的是纯蜂蜜
含糖鉴别	用两手指揉搓	感到黏腻的是纯蜂蜜，有颗粒感的则为含糖蜂蜜
结晶鉴别	放在手指上捻	真蜂蜜很容易捻化，有细腻感，假蜂蜜有沙砾感
掺面粉鉴别	将少量蜂蜜放入杯中，加适量水煮沸，待冷却后滴入碘液 1~2 滴，摇匀	呈蓝色，则说明有淀粉
重金属鉴别	取蜂蜜一汤匙，加入小半杯很浓的凉绿茶水中	真蜂蜜一般不会改变茶水的颜色，而部分假蜂蜜兑入茶水后一般会变色，颜色越深，说明受重金属污染的程度越重

（续表）

鉴别类型	实验操作	结果判断
掺白糖水、红糖水鉴别	取 2 mL 蜂蜜并加 4 倍的水，经过摇荡和搅拌，出现混浊和沉淀时再滴加 5% 的硝酸银溶液	出现白色絮状物，则表明掺有白糖水或红糖水
掺饴糖浆鉴别	取 2 mL 的蜂蜜并加 4 倍的水，稀释均匀后再缓慢加入 95% 的酒精	出现白色絮状物，则表明有饴糖浆
掺明矾鉴别	在试管中加入一份蜂蜜，用等量的蒸馏水稀释摇匀，再滴入 20% 的氯化钡溶液数滴	有白色沉淀产生，则说明有明矾掺入

正常蜂蜜（左）与掺水蜂蜜（右）

假蜂蜜勾兑工具

第四章
乳类及制品、蛋类掺伪鉴别

第一节　牛奶掺水鉴别

一、感官鉴别

观察颜色、稠度、味道、煮沸时间几个方面，可以判断牛奶是否掺水。

鉴别方法	操作步骤	观察要点		判断
倒入法	将牛奶倒入一个干净的杯子内	颜色	乳白	未掺水
			不够乳白	掺水
		稠度	浓稠	未掺水
			稀薄	掺水
		牛奶与杯缘接触处	浓稠感	未掺水
			有水样感觉	掺水
煮沸法	将牛奶倒入一个干净的锅内煮沸	香味较淡		掺水
		煮沸时间较长		掺水
流动法	将煮沸的牛奶倒入一个干净的杯子内，轻轻晃动	杯壁上挂白沫很多		未掺水
		杯壁上的白沫很慢流下		未掺水
		杯壁上的白沫很快流下		掺水
	滴一滴牛奶在洁净玻璃片上，竖起，观察	流动速度慢		未掺水
		流动速度快		掺水
悬挂法	使用一根磨亮的针插入牛奶后快速取出	针尖上挂着一滴奶液		未掺水
		针尖上挂不住奶液		掺水
碾磨法	滴一滴牛奶在手心，手指来回碾磨，观察	碾磨阻力大		未掺水
		碾磨阻力小		掺水

二、物理鉴别

1. 密度检测法

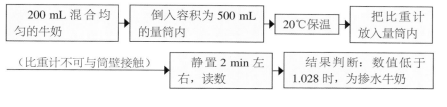

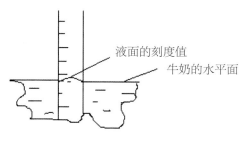

比重计读数（局部图）

计算掺水量：

$$掺水量（\%）=\frac{（正常乳的相对密度－被测乳的相对密度）×100\%}{正常乳的相对密度}$$

结果判定：20℃时牛奶的正常比重为 1.028~1.033，牛奶中每加入 10% 的水，比重就会降低 0.0029，若数值低于 1.028 时，就可断定牛奶为掺水牛奶。

2. 冰点检测法

计算掺水量:

$$掺水量(\%) = \frac{(正常乳的冰点-被测乳的冰点)\times(100-被测乳总固形物百分数)}{正常乳的冰点}$$

结果判定:我国推荐牛奶冰点为 -0.516~-0.533℃,通常认为添加 10% 的水,其冰点上升 0.054℃,若数值高于 -0.516℃时,就可断定牛奶为掺水牛奶。

3. 干物质检测法

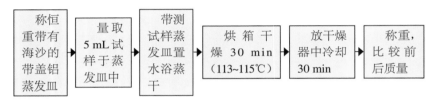

结果判定:低于正常值,可判断牛奶掺水。

第二节　乳制品掺碱鉴别

一、感官鉴别

鉴别项目	纯正牛奶	掺碱牛奶
组织结构	质地均匀	质地不够均匀
口感	纯正	稍苦涩

二、化学鉴别

1. 比色法

量取 5 mL 混合均匀的牛奶 → 倒入 10 mL 试管内 → 试管倾斜 → 沿管壁滴加 5 滴 0.04% 溴麝香草酚蓝乙醇溶液 → 将试管轻转 2~3 转 → 垂直放置，等待 2 min，观察中间环层颜色

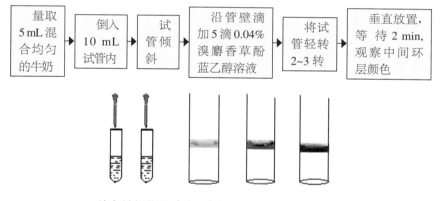

比色法操作图（全图）比色法操作图（局部图）

掺碱量与颜色变化表

含碱量（%）	0	0.05	0.1	0.5	1.0	1.5
环层颜色	黄色	淡绿色	绿色	青绿色	蓝色	深蓝色

结果判定：试管中环层颜色随牛奶中含碱量而变化，含碱量越高颜色越深。

2. 玫瑰红酸法

乳制品掺碱玫瑰红酸法颜色变化

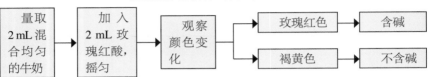

量取 2 mL 混合均匀的牛奶 → 加入 2 mL 玫瑰红酸，摇匀 → 观察颜色变化 → 玫瑰红色 → 含碱 / 褐黄色 → 不含碱

结果判定：溶液呈玫瑰红色，说明牛奶中有碱；溶液为褐黄色，说明牛奶中不含碱。

3. 冰醋酸法

于干燥干净试管中加入 5 mL 乳样，加 1 mL 冰醋酸，充分摇匀，观察试管内情况。

乳制品掺碱冰醋酸法实验现象

结果判定：试管内有气泡逸出，可判断乳样掺碱。

4. 试剂盒法

吸取少量牛奶于干净容器内（小管或小烧杯），将检测试剂条插入容器内的待测样本中，1 min 后观察现象。

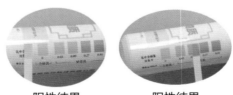

阴性结果   阳性结果

掺碱试剂盒颜色与含量比照

试纸颜色	黄色	黄绿色	淡绿色	蓝色	深蓝色
掺碱量（g/100 mL）	未检出	0.03	0.09	0.27	0.81
判断	不掺碱	掺碱	掺碱	掺碱	掺碱

结果判定：与内置的比色卡比照，判断样本中是否掺碱。

5. 沉淀法

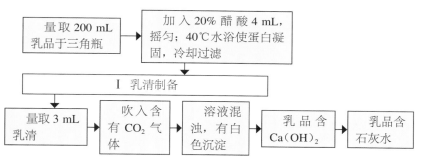

结果判定：吹入含 CO_2 气体后溶液变混浊并有沉淀，可判断乳品掺石灰水。

第三节　乳制品的防腐鉴别

一、掺入过氧化氢的鉴别

1. 感官鉴别

操作	手段	纯正牛奶	掺过氧化氢牛奶
蒸煮	闻	无异味	有异味

2. 化学鉴别

◎碘化钾指示剂试管检验

量取 1 mL 混合均匀的牛奶 → 加入 1~2 滴 20% 硫酸，摇匀 → 加 1% 碘化钾 3~4 滴，摇匀 → 10 min 观察颜色变化 → 蓝色 → 乳制品含过氧化氢

　　结果判定：乳制品出现蓝色，可判断含有过氧化氢。

　　◎快速检测试纸检验（碘化钾－淀粉试纸条法）

碘化钾－淀粉试纸条

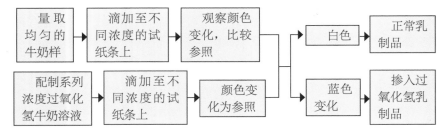

量取均匀的牛奶样 → 滴加至不同浓度的试纸条上 → 观察颜色变化，比较参照 → 白色 → 正常乳制品

配制系列浓度过氧化氢牛奶溶液 → 滴加至不同浓度的试纸条上 → 颜色变化为参照 → 蓝色变化 → 掺入过氧化氢乳制品

　　结果判定：试纸条为白色，为正常乳；试纸条变蓝色，可判断为

掺入过氧化氢乳制品，蓝色变化越深，掺入的过氧化氢越多。

二、掺入甲醛的鉴别

1. 感官鉴别

操作	手段	纯正牛奶	掺入甲醛牛奶
蒸煮	闻	无异味	有福尔马林气味

结果判定：无异味的为纯正牛奶，有福尔马林气味的为掺入甲醛牛奶。

2. 化学鉴别

◎滴定鉴别法

乳品掺甲醛滴定鉴别法实验现象

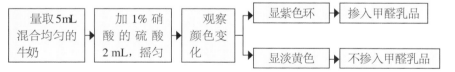

量取5mL混合均匀的牛奶 → 加1%硝酸的硫酸2 mL，摇匀 → 观察颜色变化 → 显紫色环 → 掺入甲醛乳品

显淡黄色 → 不掺入甲醛乳品

结果判定：两液界面出现紫色环，可判断牛乳品加入了甲醛；若呈淡黄色，可判断乳品中没有甲醛。

◎试剂盒鉴别法

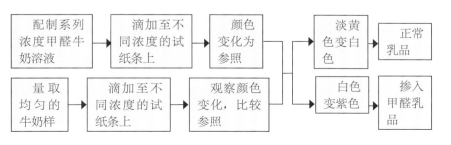

配制系列浓度甲醛牛奶溶液 → 滴加至不同浓度的试纸条上 → 颜色变化为参照 → 淡黄色变白色 → 正常乳品

量取均匀的牛奶样 → 滴加至不同浓度的试纸条上 → 观察颜色变化，比较参照 → 白色变紫色 → 掺入甲醛乳品

结果判定：试纸由淡黄色变为白色，可判断为正常乳品；试纸由白色变淡紫色至深紫色，可判断乳品掺入甲醛。

三、掺入硼砂与硼酸的鉴别

姜黄试纸法

乳制品掺硼砂或硼酸检测姜黄试纸

78

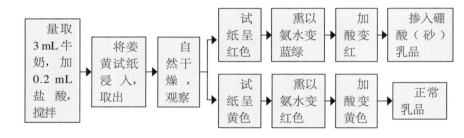

量取3 mL牛奶，加0.2 mL盐酸，搅拌 → 将姜黄试纸浸入，取出 → 自然干燥，观察

- → 试纸呈红色 → 熏以氨水变蓝绿 → 加酸变红 → 掺入硼酸（砂）乳品
- → 试纸呈黄色 → 熏以氨水变红色 → 加酸变黄色 → 正常乳品

结果判定：被检乳品遇姜黄纸呈红色，遇氨水变成蓝绿色，加酸又变成红色，可判断乳品中掺有硼酸。

四、掺入苯甲酸、水杨酸的鉴别

1. 掺入苯甲酸的还原反应

量取10 mL混合均匀的牛奶 → 加热，取馏出液 → 硝化反应 → 加硫化铵观察颜色变化 → 红棕色 → 乳品含苯甲酸

结果判定：溶液生成红棕色，可判断乳品含有苯甲酸。

2. 掺入苯甲酸的三氯化铁反应

量取 5 mL 混合均匀的牛奶 → 加 1% 氢氧化钠 → 调 pH 至 12 → 加三氯化铁观察颜色变化 → 红色沉淀 → 乳品含苯甲酸

结果判定：试管中产生红色沉淀，可判断乳品中含有苯甲酸。

3. 乳品掺入苯甲酸（钠）、水杨酸的三氯化铁反应

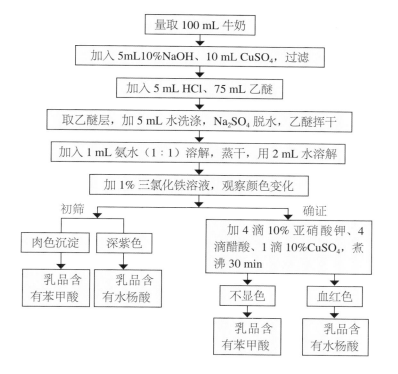

量取 100 mL 牛奶

↓

加入 5mL10%NaOH、10 mL $CuSO_4$，过滤

↓

加入 5 mL HCl、75 mL 乙醚

↓

取乙醚层，加 5 mL 水洗涤，Na_2SO_4 脱水，乙醚挥干

↓

加入 1 mL 氨水（1：1）溶解，蒸干，用 2 mL 水溶解

↓

加 1% 三氯化铁溶液，观察颜色变化

初筛 ← → 确证

肉色沉淀 → 乳品含有苯甲酸

深紫色 → 乳品含有水杨酸

加 4 滴 10% 亚硝酸钾、4 滴醋酸、1 滴 10%$CuSO_4$，煮沸 30 min

不显色 → 乳品含有苯甲酸

血红色 → 乳品含有水杨酸

结果判定：初筛时，若有肉色沉淀，乳品可能含有苯甲酸；若有显深紫色，乳品可能含有水杨酸。确证实验时，若不显色，则可判断乳品含有苯甲酸；若显血红色，则可判断乳品含有水杨酸。

五、掺入焦亚硫酸钠的鉴别

结果判定：若乳品显白色，可判断乳品中含有焦亚硫酸钠；若乳品显蓝色，可判断不含焦亚硫酸钠。

注意事项：本实验不能采用已经做过淀粉加热实验的样品。焦亚硫酸钠是目前对掺假检验工作干扰最严重的防腐剂。

第四节　乳制品增稠物质掺入鉴别

一、掺入淀粉、米汤的鉴别

1. 试管法

乳品掺淀粉试管法实验现象

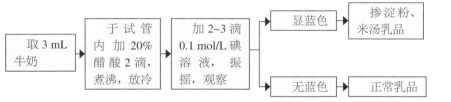

取 3 mL 牛奶 → 于试管内加20%醋酸2滴，煮沸，放冷 → 加2~3滴 0.1 mol/L碘溶液，振摇，观察 → 显蓝色 → 掺淀粉、米汤乳品

→ 无蓝色 → 正常乳品

结果判定：出现蓝色与青蓝色，可判断乳品含淀粉或米汤；无蓝色反应，可判断为正常乳品。

2. 试纸法 - 经糊化淀粉的鉴别

0 mg/kg　0.8 mg/kg　1.8 mg/kg　4.0 mg/kg　6.0 mg/kg　8.0 mg/kg　10 mg/kg　25 mg/kg　40 mg/kg

糊化淀粉鉴别显色现象

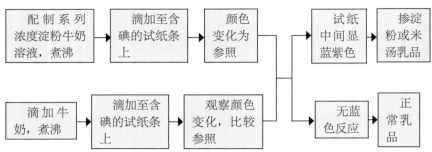

结果判定：试纸中间出现蓝紫色，可判断乳品含淀粉或米汤；无蓝色反应，可判断为正常乳品。

3. 试纸法－未糊化淀粉的鉴别

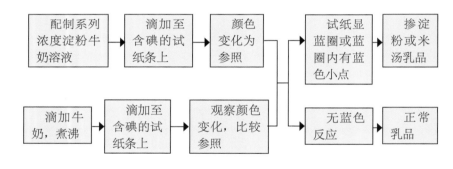

0 mg/kg 1.4 mg/kg 5.0 mg/kg 10.0 mg/kg 20.0 mg/kg 35.0 mg/kg 50.0 mg/kg 70.0 mg/kg 100.0 mg/kg

未糊化淀粉鉴别显色现象

结果判定：试纸出现蓝圈或蓝圈内有蓝色小点，可判断乳品含淀粉或米汤；无蓝色反应，可判断为正常乳品。

二、掺入糊精的鉴别

乳制品掺糊精的碘反应现象

取 3 mL 牛奶 → 于试管内煮沸，放冷 → 加 2~3 滴 0.1 mol/L 碘溶液，振摇，观察 → 红色或红紫色 → 掺糊精的乳品

加 2~3 滴 0.1 mol/L 碘溶液，振摇，观察 → 无显色反应 → 正常乳品

结果判定：显红色或红紫色，可判断乳品含有糊精；不显红色反应，则可判断为正常乳品。

三、掺入豆浆的鉴别

1. 皂化法

取 20 mL 牛奶 → 于三角瓶内，加 3 mL 乙醇-乙醚（1:1） → 加 20% NaOH 5 mL，摇匀，静置 5 min，观察 → 显黄色 → 掺豆浆乳品

加 20% NaOH 5 mL，摇匀，静置 5 min，观察 → 暗白色 → 正常乳品

结果判定：混合液显黄色，可判断乳品含有豆浆；显暗白色，可判断为正常乳品。

2. 碘反应法

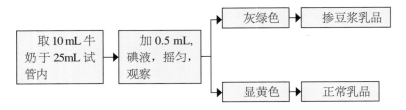

结果判定：试管呈现灰绿色，可判断乳品含有豆浆；显示黄色，可判断为正常乳品。

四、掺入明胶的鉴别

◎苦味酸沉淀反应

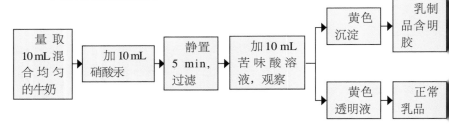

结果判定：试管显黄色沉淀，可判断为掺明胶乳品；试管显黄色透明，可判断为正常乳品。

第五节　乳制品增比重的鉴别

一、掺入糖类的鉴别

1. 感官鉴别

鉴别项目	操作	掺糖类牛奶现象
挂手时间	滴至手上，观察滑落时间	滑落时间比正常乳短
口感	品尝	有异于正常乳的甜味
色泽	倒至洁净玻璃管中	发黄发亮，清晰度好

2. 化学鉴别

◎间苯二酚显色法

量取 30 mL 混合均匀的牛奶 → 加 2 mL 浓盐酸 → 混合，过滤 → 取滤液 15 mL，加 1g 间苯二酚 → 沸水 5 min，显红色 → 乳制品含蔗糖

结果判定： 反应显红色，可判断乳品含蔗糖。

◎糖试纸法

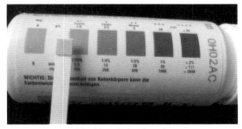

糖试纸反应对照卡

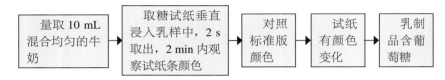

结果判定：若试纸有颜色变化，可判断乳品中含有葡萄糖。

二、掺入尿素的鉴别

1. 感官鉴别

鉴别项目	操作	掺尿素牛奶现象
肉眼观察	倒入铁质容器中	容器四周有水波纹
口感	品尝	有苦味，舌头有发麻、辣感

2. 化学鉴别

◎格里斯试剂法

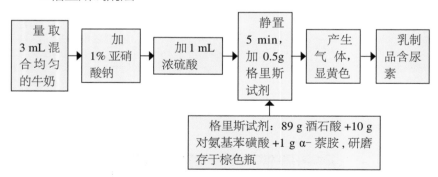

结果判定：反应管内有气体产生，溶液显黄色，可判断乳品含有尿素。

注：正常牛奶加入格里斯试剂后，刚摇匀显肉红色，放置 5 min 后显紫色。掺有尿素牛奶加入格里斯试剂后，刚摇匀显黄色，放置 5 min 后显紫色，实验判断以刚摇匀时显色为准。

第六节　乳制品掺入盐类的鉴别

一、掺入食盐的鉴别

1. 感官鉴别

鉴别项目	纯正牛奶	掺盐牛奶
颜色	乳白色	青白色
口感	味甘	味咸
沸点	100.5℃	＞ 100.5℃

2. 化学鉴别

◎铬酸钾颜色反应

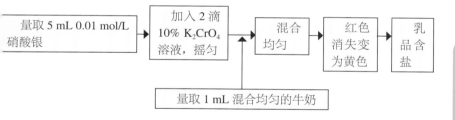

结果判定： 反应红色消失变为黄色，说明 Cl^- 含量大于 0.14%，可判断乳品含盐。

二、掺入芒硝的鉴别

1. 感官鉴别

鉴别项目	纯正牛奶	掺芒硝牛奶
颜色	乳白色	青白色
口感	味甘	味苦涩

2．化学鉴别

◎玫瑰红酸钠显色法（试管法）

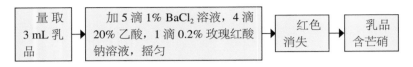

结果判定：滴加溶液的红色褪去，可判断乳品中含芒硝。

◎玫瑰红酸钠显色法（试剂盒法）

结果判定：滴加溶液的红色褪去，可判断乳品中含芒硝。

三、掺入亚硝酸盐的鉴别

化学鉴别

◎偶氮反应

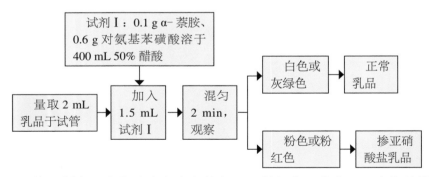

结果判定：试管显白色或灰绿色，可判断为正常乳品；试管显粉色或粉红色，可判断为掺亚硝酸盐乳品。

第七节　乳制品掺入其他物质的鉴别

一、掺入人畜尿的鉴别

1. 感官鉴别

鉴别项目	纯正牛奶	掺入人畜尿牛奶
口感	味甘	味苦涩

2. 化学鉴别

◎苦味酸反应（试管法）

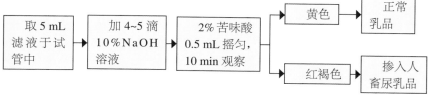

结果判定：试管显苦味酸固有黄色，可判断为正常乳品；试管显红褐色，可判断为掺入人畜尿乳品。

◎苦味酸反应（试剂盒法）

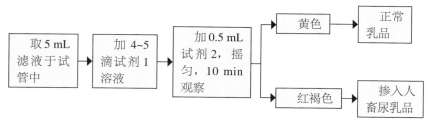

结果判定：试管显苦味酸固有黄色，可判断为正常乳品；试管显红褐色，可判断为掺入人畜尿乳品。

二、掺入化肥（铵盐）的鉴别

掺入铵盐种类有氯化铵、二倍磷肥、碳酸铵、硫酸铵、硝酸铵、过磷酸钙等。

1. 感官鉴别

鉴别项目	纯正牛奶	掺铵盐牛奶
口感	味甘	味苦涩
气味（加热闻）	无刺激性气味	有刺激性气味

2. 化学鉴别

检验原则：（初筛）检测乳品中是否含有铵离子；（确证）进行阴离子（SO_4^{2-}、Cl^-、CO_3^{2-}、NO_3^-）确定化肥的种类。

◎纳氏试剂反应

步骤Ⅰ：纳氏试剂的制备

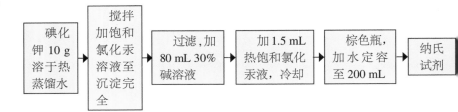

步骤Ⅱ：纳氏沉淀反应

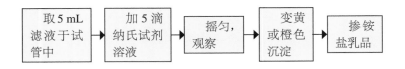

结果判定： 试管溶液有变黄或橙色沉淀可判断乳品掺铵盐。

注意事项： a. 步骤Ⅰ纳氏试剂的制备完成，取上清液使用；b. 若空气中有微量氨存在可使纳氏试剂沉淀，所以使用后应立即盖塞。

◎次氯酸钠 - 碘化钾反应

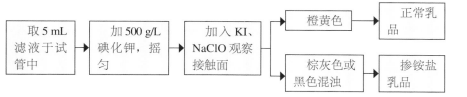

结果判定：反应显棕灰色或黑色混浊，可判断乳品掺铵盐。

◎试剂盒法

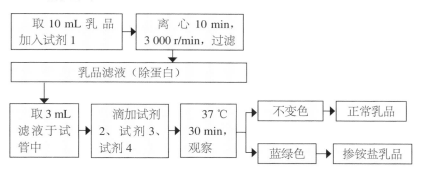

结果判定：反应显蓝绿色，可判断为掺铵盐乳品。

三、掺入白矾的鉴别

◎铝试剂法（金黄色素三羧酸铵显色法）

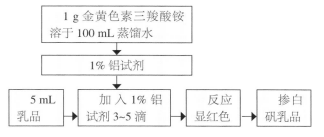

结果判定：反应显红色，可判断为掺白矾乳品。

四、掺入硝土的鉴别

化学鉴别

◎甲醛法

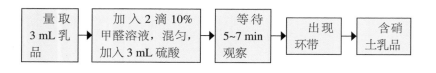

| 量取3 mL乳品 | → | 加入2滴10%甲醛溶液，混匀，加入3 mL硫酸 | → | 等待5~7 min观察 | → | 出现环带 | → | 含硝土乳品 |

结果判定： 试管出现环带，可判断为含硝土乳品。

五、掺入洗衣粉的鉴别

化学鉴别

◎荧光反应

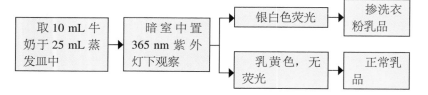

取10 mL牛奶于25 mL蒸发皿中 → 暗室中置365 nm紫外灯下观察 → 银白色荧光 → 掺洗衣粉乳品

乳黄色，无荧光 → 正常乳品

结果判定： 显银白色荧光为掺洗衣粉乳品，乳黄色无荧光为正常乳品。

◎亚甲蓝法（试剂盒法）

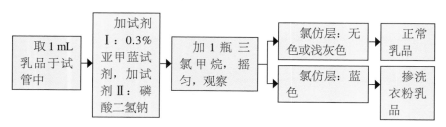

取1 mL乳品于试管中 → 加试剂Ⅰ：0.3%亚甲蓝试剂，加试剂Ⅱ：磷酸二氢钠 → 加1瓶三氯甲烷，摇匀，观察 → 氯仿层：无色或浅灰色 → 正常乳品

氯仿层：蓝色 → 掺洗衣粉乳品

结果判定： 氯仿层显无色或浅灰色可判断为正常乳品；氯仿层显蓝色，可判断为掺洗衣粉乳品。

◎氯化钡沉淀法

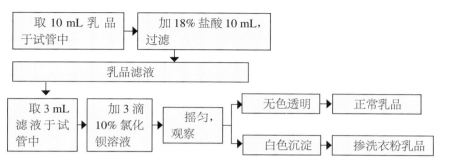

判断：滤液无色透明，可判断为正常乳；滤液有白色沉淀，可判断为掺洗衣粉乳品。

第八节　新鲜乳制品与陈乳的鉴别

一、新鲜乳制品掺入陈乳的感官鉴别

识别新鲜牛奶与陈乳，可以从色、香、味以及混合试验与滴加试验5个方面进行判断。

区别	色	香	味	与水混合试验	滴加试验
新鲜牛奶	乳白色	奶香浓郁，奶香淡，奶腥味大	口感纯正，奶腥味大	溶液均匀	滴落在指甲上呈球状
陈乳	色泽淡黄，有析出	奶香淡，奶腥味小	腥味小，有苦味或异味出现	出现固状物	滴落在指甲上会流散

二、化学鉴别

1. 酒精法

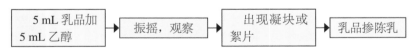

结果判定：试管出现凝块或絮片，可判断为掺陈乳乳品。

酒精度值与乳品新鲜度判断

酒精度值（°）	检测结果	乳品酸度值（oT）	乳品质量
60	不出现絮片	20	合格乳
70	不出现絮片	19	较新鲜乳
80	不出现絮片	18	良质鲜乳

2. 煮沸试验法

结果判定：沸水煮出现凝块或絮片，可判断为掺陈乳乳品。

热煮温度与乳品酸度值

热煮	检测结果	乳品酸度值（oT）	乳品质量
煮沸	不凝固	18	良质鲜乳
煮沸	不凝固	22	合格乳
煮沸	能凝固	26	不新鲜乳
煮沸	能凝固	28	不新鲜乳
加热至 77℃	凝固	30	不新鲜乳
加热至 65℃	凝固	40	不新鲜乳
加热至 40℃	凝固	50	不新鲜乳
20℃	自行凝固	60	不新鲜乳
16℃	自行凝固	65	不新鲜乳

注：酸度值为衡量乳质新鲜度的指标。酸度值小于 16，为不新鲜；酸度值介于 16~18 之间，则为正常；酸度值大于 18，则为中和乳或掺水乳。

第九节　其他乳制品的感官鉴别

一、鲜乳的感官鉴别

鉴别项目	优质鲜乳	次质鲜乳	劣质鲜乳
色泽	乳白色或微黄色	白色稍带青色	浅粉色、黄绿色或灰暗
气味	乳香味，无异味	乳香味稍有异味	明显异味，如酸臭味、鱼腥味、牛粪味、汽油味、金属味等
口感	鲜乳纯香味，可口而稍甜，无异常味	微酸味，轻微的异味	有酸味、咸味、苦味等
组织状态	均匀流体，无沉淀、凝块和机械杂质，无黏稠和浓厚现象	均匀的流体，无凝块，可见少量微小颗粒，脂肪聚黏表层呈液化状态	稠而不匀的溶液状，有絮状物或致密凝块

二、炼乳的感官鉴别

鉴别项目	优质炼乳	次质炼乳	劣质炼乳
色泽	有光泽，乳白色或微黄色	米色或淡肉桂色	肉桂色或淡褐色
气味	乳香味，无异味	乳香味淡，稍有异味	有酸臭味及较浓重的异味
口感	淡炼乳有牛乳滋味，甜炼乳有纯正甜味，均无异物	味淡或稍差，有轻度异味	味不纯和较重的异味
组织状态	质地均匀细腻，黏度适中，无脂肪上浮，无乳糖沉淀，无杂质	黏度高，有些脂肪上浮，有沙粒状沉淀物	凝结成软膏状，冲调后脂肪分离较明显，有结块和机械杂质

三、奶粉（固体）的感官鉴别

鉴别项目	优质奶粉	次质奶粉	劣质奶粉
色泽	均匀淡黄色，脱脂奶粉为白色，有光泽	浅白色或灰暗，无光泽	灰暗或褐色
气味	纯正乳香味，无异味	乳香味淡，微有异味	发霉味、陈腐味、脂肪哈喇味等
口感	乳香味，加糖奶粉有适口的甜味，无异味	味淡，轻有异味，加糖奶粉甜度过高	苦涩，有较重异味
组织状态	粉粒均匀，手感疏松，无杂质，无结块	有少量硬颗粒、焦粉粒、小黑点等，松散结块	有焦硬不散结块，肉眼可见的杂质或异物

四、奶粉（冲调）的感官鉴别

鉴别项目	优质奶粉	次质奶粉	劣质奶粉
色泽	乳白色	乳白色	乳清呈淡黄绿色，有白色凝块
气味	纯正乳香味，无异味	乳香味淡，微有异味	发霉味、陈腐味、脂肪哈喇味等
口感	乳香味，加糖奶粉有适口的甜味，无异味	味淡，轻有异味，加糖奶粉甜度过高	苦涩，具较重异味
组织状态	均匀胶状液	有小颗粒或少量脂肪析出	有凝块或大颗粒，胶状液不均匀，水乳分离，有游离脂肪上浮

五、酸牛奶的感官鉴别

鉴别项目	优质酸牛奶	次质酸牛奶	劣质酸牛奶
色泽	均匀，乳白色或微黄	不匀，微黄色或浅灰色	灰暗或颜色异常
气味	清香，具纯正酸奶味	香气淡，有轻微异味	有霉变味、腐败味、酒精发酵等不良气味

（续表）

鉴别项目	优质酸牛奶	次质酸牛奶	劣质酸牛奶
口感	纯酸奶味，甜酸适口	酸味过高，有不良滋味	涩、苦味或不良滋味
组织状态	无气泡，凝乳细腻均匀，有少量黄色脂膜和少量乳清	凝乳有乳清析出，质地不均匀，也不结实	凝乳乳清分离，析出严重，有气泡，瓶口及酸奶表面有霉斑

六、奶油的感官鉴别

鉴别项目	优质奶油	次质奶油	劣质奶油
色泽	有光泽，均匀淡黄色，	无光泽，色泽较差不均匀，白色或着色过度	色泽不匀，外表面浸水，表面有霉斑，甚至深部发生霉变
气味	固有纯香味，无异味	无味、香气平淡或微有异味	明显的异味，如霉变味、鱼腥味、椰子味、酸败味等
口感	纯正，无异味，加盐奶油有咸味，酸奶油有纯乳酸味	平淡或不纯正，有轻微异味	有苦味、肥皂味，金属味等不愉快味道
组织状态	稠度、弹性和延展性适宜，紧密均匀，切面无水珠，边缘与中心部位均匀一致	有少量乳隙，状态不均匀，切面有水珠渗出，水珠呈白浊而略粘。加盐奶油有食盐结晶	不均匀，粘软、发腻，粘刀或脆硬疏松无延展性，切面有大水珠，呈白浊色，有较大的孔隙及风干现象
外包装	美观、完整、清洁	见油污迹，内包装纸有油渗出	不整齐、不完整或有破损现象

七、硬质干酪的感官鉴别

鉴别项目	优质硬质干酪	次质硬质干酪	劣质硬质干酪
色泽	有光泽、白色或淡黄色	无光泽，变黄或灰暗	表面有霉点或霉斑，褐色或暗灰色
气味	香味浓郁，有干酪特有气味	有轻微异味，干酪味平淡	有脂肪酸败味，霉味、腐败变质味等异味
口感	有干酪固有的滋味	有轻微异味，干酪滋味平淡	有异常苦涩味或酸味

（续表）

鉴别项目	优质硬质干酪	次质硬质干酪	劣质硬质干酪
组织状态	外皮无霉点及霉斑，质地均匀，无裂缝、无损伤；切面湿润，软硬适度，细腻可塑	表面质地不均，切面有大气孔，组织状态呈疏松，较干燥，	外表皮有裂缝，切面干燥，有大气孔，组织状态碎粒状

八、真假奶粉的感官鉴别

鉴别项目	真奶粉	假奶粉
色泽	天然乳黄色	有光泽，颜色较白或漂白色，结晶状
气味	特有奶香味	无乳香味
手感	捏袋装奶粉包装摩搓，手感粉质细腻，有"吱吱"声	捏袋装奶粉包装摩搓，手感粉质较粗，有"沙沙"声
溶解速度	冷开水冲泡，需搅拌才溶解成乳白色混悬液；热水冲泡，有悬漂物上浮现象，搅拌时粘勺子	冷开水冲泡，不需搅拌就自动溶解或沉淀；热开水冲泡，迅速溶解，无天然乳香味和颜色
口感	细腻发黏，入口溶解慢，无甜味	不粘牙，入口溶解快，有甜味

第十节　蛋类掺伪鉴别

一、鸡蛋真假的鉴别

鉴别项目	真鸡蛋	假鸡蛋
气味	蛋腥味	石灰味
外观	无特别痕迹	鸡蛋大头端有一个圆周痕迹
手感	手轻摇蛋内无晃动感	手轻摇开始蛋内无晃动感，慢慢有摇晃感
气泡有无	煮熟后，鸡蛋大头端有气泡，拨开蛋清有凹陷	煮熟后，鸡蛋大头端无气泡，拨开蛋清无凹陷
蛋黄形态	煮熟后，蛋黄粉状，摔桌子上会烂掉	煮熟后，蛋黄胶状，摔桌子上会立即弹起
口感	入口粉状，噎人	入口有胶状感，不噎人

二、鲜蛋的鉴别

1. 蛋壳的感官鉴别

鉴别项目	优质	次质	劣质
外观	蛋壳上一层白霜，色泽鲜明，壳完整、清洁，无光泽	壳外有轻度霉斑，壳有破损、裂纹、格窝、蛋清外溢等	壳表粉霜脱落，有较多或较大的霉斑，壳色油亮，乌灰色或暗黑色，有油样漫出
手感	壳粗糙，重量适当	壳有破损、裂纹、格窝，有光滑感	有光滑感，掂量时过轻或过重
声响	手握蛋摇动无声，蛋与蛋相互碰击声音清脆	手摇动时内容物有流动感，蛋与蛋碰击发出哑声（裂纹蛋）	手握蛋摇动时内容物有晃动声，蛋与蛋相互碰击发出嘎嘎声（孵化蛋）、空空声（水花蛋）
气味	轻微的生石灰味	轻微的生石灰味或轻度霉味	有霉味、酸味、臭味等不良气味

2. 鲜蛋物理鉴别

◎光透鉴别

鉴别项目	优质	次质		劣质
		一类	二类	
光透视情况	蛋壳无裂纹，蛋呈微红色，蛋黄无阴影或略见阴影，不移动，位于中央，气室直径 < 11 mm	蛋壳有裂纹，蛋黄部呈鲜红色小血圈	蛋壳部分呈绿色或黑色，透视时蛋黄透光度增强而蛋黄周围有阴影，蛋黄不完整，散如云状，蛋黄上有血环（环中及边缘呈现少许血丝），内有活动的阴影，气室 > 11 mm，壳膜内壁有霉点	透视时蛋大部分或全部不透光，呈灰黑色；蛋黄、蛋白混杂不清，呈灰黄色；蛋壳及内部有粉红或黑点，蛋壳二分之一部分以上呈黑色，有圆形黑影（胚胎）

◎开蛋鉴别

鉴别项目	优质	次质		劣质
		一类	二类	
形态	蛋黄完整带有韧性，呈圆形凸起，系带粗白有韧性，紧贴蛋黄的两端，蛋清浓厚、稀稠分明	蛋黄呈红色的小血圈或网状直丝	蛋黄膜增厚发白，蛋黄扁平扩大，蛋黄中呈现大血环，环中或周围可见少许血丝，蛋清与蛋黄相混杂（蛋无异味），蛋清稀薄，内壁有蛋黄的粘连痕迹，蛋内有小的虫体	蛋清和蛋黄稀薄混浊，蛋清呈胶冻样霉变，胚胎形成长大，蛋膜和蛋液中有霉斑
色泽	颜色无异常，蛋黄、蛋清色泽分明	颜色正常，蛋黄有圆形或网状血红色，蛋清颜色发绿	蛋黄色泽分布不均匀，颜色变浅，有较大的环状或网状血红色，蛋清与蛋黄混杂，蛋壳内壁有黄中带黑的粘痕或霉点	蛋内有黑色霉斑，液态流体灰黄色、灰绿色或暗黄色
气味	气味正常，无异味	气味正常，无异味	气味正常，无异味	有霉变味、臭味或其他不良气味

◎比重法

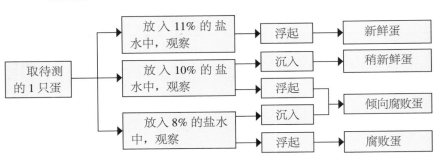

结果判定: 浮于 11% 盐水可判断为新鲜蛋,沉入 10% 盐水可判断为稍新鲜蛋,浮于 10% 盐水而又沉入 8% 盐水可判断为倾向腐败蛋,浮于 8% 盐水可判断为腐败蛋。

◎新鲜度快速检测试剂盒法

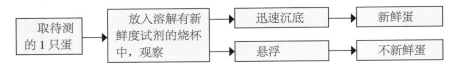

结果判定: 若鸡蛋迅速沉底,可判断为新鲜蛋;若鸡蛋悬浮,可判断为不新鲜蛋。

三、松花蛋(皮蛋)的鉴别

1. 感官鉴别

操作要点:手握蛋摇晃听声音或手掂量感觉其弹性。

判断要点:主要观察蛋外壁是否完整,有无破损、霉斑等现象。

鉴别项目	优质	次质	劣质
外观	外表泥状包料完整、无霉斑,包料剥掉后蛋壳亦完整无损	外观无明显变化或裂纹	包料破损不全或发霉,剥去包料后,蛋壳有斑点或破、漏现象,有的内容物已被污染

（续表）

鉴别项目	优质	次质	劣质
手感	去掉包料后用手抛起约 30 cm 高自然落于手中有弹性感	抛动试验弹动感差	抛动试验弹动感差
声响	摇晃时无晃荡声	摇晃时稍有晃荡声	摇晃后有晃荡声或感觉轻飘飘

2. 光透鉴别

操作要点：皮蛋去除蛋壳和包膜后按照鲜蛋的光透法进行操作。

判断要点：主要观察蛋体的颜色、气室大小及凝固状态等现象。

鉴别项目	优质	次质	劣质
光透视情况	玳瑁色，蛋内容物凝固不动	蛋内容物凝固不动，或有部分蛋清呈水样，或气室较大	蛋内容物不凝固，呈水样，气室很大

3. 开蛋鉴别

操作要点：剥去蛋壳及包膜。

判断要点：观察内容物状态及品尝其味道。

鉴别项目	优质	次质	劣质
色泽	蛋清有松花样纹理，棕黄色半透明；蛋黄浅黄色或浅褐色，中心较稀	蛋清色暗淡，蛋黄墨绿色	蛋黄糊状，灰色，大部分或全部液化呈黑色
形态	蛋不粘壳，凝固，清洁，有弹性	少量液化粘壳或僵硬收缩，内容物不完全凝固	蛋清黏滑
气味	芳香，无辛辣感	橡皮味道，或有辛辣感	霉味或刺鼻恶臭

103

第四章 乳类及制品、蛋类掺伪鉴别

四、咸蛋的鉴别

1. 感官鉴别

操作要点：手握蛋摇晃听声音或手掂量感觉其弹性。

判断要点：主要观察蛋外壁是否完整，有无霉斑、破损等现象。

鉴别项目	优质	次质	劣质
外观	完好无损，无霉斑或裂纹，手摇时有轻度水晃感觉	有轻微裂纹	蛋壳有霉斑或见破损，隐约可见呈黑色水样的内容物

2. 光透鉴别

操作要点：咸蛋去除蛋壳和包膜后按照鲜蛋的光透法进行操作。

判断要点：主要观察蛋体内容物的组织状态、颜色等现象。

鉴别项目	优质	次质	劣质
光透视情况	蛋黄凝结且靠近蛋壳，蛋清水样透明；蛋黄呈橙黄色，蛋清呈白色	蛋黄凝结，蛋清尚清晰；蛋黄呈黑色，蛋清透明	转动时蛋黄与蛋清黏滞或全部溶解成水样；蛋黄变黑，蛋清混浊或蛋清、蛋黄都发黑

3. 开蛋鉴别

操作要点：剥去蛋壳及包膜。

判断要点：观察内容物状态及品尝味道。

鉴别项目	优质	次质	劣质
色泽	生蛋：蛋黄淡红或红色，蛋清稀薄透明；熟蛋：蛋黄淡红或红色，蛋清白嫩	生蛋：蛋清清晰或白色；熟蛋：蛋黄变黑，蛋清略灰色	生蛋：蛋清蛋黄全部呈黑色；熟蛋：蛋黄变黑或全部黑色，蛋清黄色灰暗
形态	生蛋：黏度增强不硬固；熟蛋：蛋黄富于油脂	生蛋：蛋黄发黑黏固，蛋清水样；熟蛋：蛋黄变黑，蛋清略带灰色	生蛋：蛋黄已大部分融化，蛋清混浊；熟蛋：蛋黄变黑或全部呈黑色，或散成糊状，蛋清黄色或灰暗

（续表）

鉴别项目	优质	次质	劣质
气味	固有的香味，蛋黄有细沙感	轻度的异味	恶臭味

五、糟蛋的鉴别

制作要点：使用优良糯米酒糟浸泡鸭蛋两个月。

糟蛋

判断要点：主要观察蛋壳脱落状态，蛋黄、蛋清凝固状态和颜色以及气味和滋味等。

鉴别项目	优质	次质	劣质
形态	蛋壳部分或完全脱落，蛋膜完整，蛋大而丰满，蛋黄橘红色半凝固状，蛋清乳白色胶冻状	蛋壳未完全脱落，蛋内容物凝固不完全，蛋清液体状	蛋膜有裂缝或破损，有霉斑，蛋黄色暗，蛋内容物稀薄状，蛋清灰色，流体或糊状
气味	香味浓厚，稍带甜味	有轻微异味、香味不浓	霉变味或酸臭味

六、蛋粉的鉴别

判断指标：状态松散的淡黄色至金黄色粉末；正常全蛋粉的正常香味，无异味。

判断要点：主要观察蛋粉状态、颜色以及气味和滋味等。

鉴别项目	优质	次质	劣质
色泽	均匀淡黄色或黄色	无改变或稍有加深	不均匀淡黄色、黄色或黄棕色
组织状态	粉末状或易散开块状，无杂质	有少量焦粒，熟粒，或少量结块	板结成硬块、生虫或霉变
气味	味正常，无异味	微有异味，无霉味和臭味	霉味、异味

七、蛋白干的鉴别

制作要点：打开洗净消毒后的鲜蛋，所得蛋白液过滤，经发酵、氨水中和、烘干、漂白等工序制成的晶状食品。

判断要点：主要是观察其组织状态、色泽和气味等。

鉴别项目	优质	次质	劣质
色泽	均匀淡黄色	暗淡	不均匀灰暗色
组织状态	稍有碎屑，无杂质，透明的晶片状	碎屑＞20%	不透明的片状、碎屑状或块状，有霉斑或霉变现象
气味	无异味，纯正的蛋清味	稍有异味，无霉味、臭味	霉变味或腐臭味

八、冰蛋的鉴别

制作要点：蛋液经过滤，灭菌、装盘、速冻等工序制成的冷冻块状食品（冰蛋有冰全蛋、冰蛋白、冰蛋黄等）。

判断要点：主要是观察冻结度、色泽及加温溶化后气味。

鉴别项目	优质	次质	劣质
冻结度及色泽	块坚结、中心温度＜-15℃，呈均匀的淡黄色，无异物、杂质	颜色正常，有少量杂质	生虫或有严重污染，有霉变或部分霉变
气味	无异味，有鸡蛋的纯正味	有轻度的异味，无臭味	有浓重的异味或臭味

第五章
调味品掺伪鉴别

第一节　食盐掺伪鉴别

一、食盐的感官鉴别

优质食盐的感官指标：白色，味咸，无可见的外来杂物，无苦味、涩味，无异物，无异臭。

鉴别项目	优质食盐	劣质食盐
色泽	色泽洁白，有光泽，呈透明或半透明状	色泽灰暗，白度差，呈黄褐色，透明性低
味道	气味、滋味具有正常纯正的咸味，无苦涩味，无异味	有苦涩味，有异味
形态	晶粒形态整齐，颗粒均匀，外形为细沙状，坚硬光滑，水分含量极少，不结块，用手抓捏有松散的感觉，能从手指缝流动，无返卤吸潮现象，无杂质	形态为晶体颗粒，颗粒较大，不均匀，一般湿度大，有结块，有返卤吸潮等异常现象，用手捏可成团状，有杂质

非碘盐和含有氯化镁、氯化钾等物质的盐颜色呈乳白色，不透明，色泽明显灰暗，有的呈淡黄色甚至发红或呈青黑色，有的假盐还有刺激性气味。

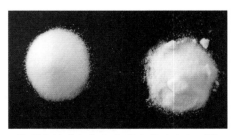

优质食盐（左）和劣质食盐（右）对比

二、食盐与亚硝酸盐的鉴别

食盐（左）和亚硝酸钠（右）对比

鉴别方法	实验操作	食盐判断	亚硝酸盐判断
色泽检验	从外观上看	白色结晶性粉末，无挥发性气味	黄色或浅黄色的透明结晶体
水检验	取 5 g 试样放入瓷碗中，加水 250 mL，同时用筷子搅拌	水温缓慢下降	水温急剧下降
高锰酸钾试验	取 0.5 g 的样品，用大约 50 mL 的水使其溶解，然后在溶液内加入 1 粒小米般大小的高锰酸钾	高锰酸钾的颜色不改变	高锰酸钾的颜色由紫变浅

三、食用盐与农用盐的鉴别

鉴别项目	食用盐	农用盐
色泽	洁白，有光泽	灰暗，无光泽
滋味与气味	味咸，氯化钠含量在 96%~97%，无异味，无苦味，无涩味	味苦涩，有异味
杂质含量	无杂质，无沉淀物	杂质多，一般在 4% 左右，沉淀物多

四、碘盐的鉴别

1. 感官鉴别

感官检验	假碘盐特征
观色	呈淡黄色或杂色
手感	用手抓捏，呈团状，不易分散
鼻闻	有一股氨味
口尝	咸中带苦涩味

2. 理化鉴别

鉴别类型	实验操作	实验现象
定性检验	将盐撒在淀粉糊或切开的土豆上	盐变成紫色的是碘盐，色泽越深含碘量越高
碘化钾检验	取 0.5% 淀粉溶液 10 mL，滴入 4 滴 0.5% 亚硝酸钠和 2 滴硫酸，摇匀配成检测试剂；取 2 g 盐放在白瓷板上，向盐上滴 2~3 滴检测试剂	出现蓝紫色，说明是碘盐

第二节　酱油掺伪鉴别

一、酱油的感官鉴别

鉴别项目	优质酱油	次质酱油	劣质酱油
色泽	呈红褐色或棕褐色，鲜艳有光泽，不发乌	呈暗黑色，无光泽	色泽灰暗发乌，无光泽
香气、滋味	具有酱香或酯香气味，无异味；滋味鲜美，咸淡适口，味醇厚、柔和、稍甜，无苦、酸、涩等异味，无霉味	酱香或酯香气味淡，含氮量低；无鲜味，醇味淡薄，有苦涩味等	无酱香味，有酸味、苦味、霉味
形态	体态澄清，浓度适中，无沉淀，不混浊，无霉花，无浮膜	有沉淀，混浊	混浊，有沉淀、霉花、浮膜等

二、酱油的掺伪鉴别

1. 掺水、尿素的鉴别

鉴别物质	实验操作	结果判断
掺水	向 250 mL 干燥、洁净的量筒中注入待检酱油，于 20℃ 用密度计测定其相对密度	低于 1.1 g/cm³ 可视为掺水
掺尿素	取酱油 5 mL 于试管中，加 3~4 滴二乙酰肟，混匀，再加入磷酸 1~2 mL 混匀，置于水浴中煮沸，观察颜色变化	显红色，则说明掺有尿素

2. 酿造酱油与化学酱油的鉴别

取酱油样品 50 mL，加入 1 mol/L NaOH 溶液，使之呈碱性

↓

以 25 mL 乙醚分 3 次进行抽提

↓

收集乙醚于冷凝装置内，蒸发乙醚后，向残留物中加入 1 mol/L H_2SO_4 溶液使之呈酸性

↓

再以 2 mL 乙醚分 2 次进行抽提

↓

蒸发乙醚后，向残留物中加入 2 mL 蒸馏水使之溶解，再加入 0.5% 香草醛溶液 2 mL

↓

如果样品溶液中有乙酰丙酸存在，香草醛溶液与残留物的硫酸溶液接触面就会出现特别的蓝绿色，其颜色越深，说明乙酰丙酸的含量越高

| 酿造酱油中如果加入 5% 左右的化学酱油，则在 10 min 内会出现颜色 | 酿造酱油中如果加入 1% 左右的化学酱油，则加入试剂 24 h 后才会出现蓝绿色 |

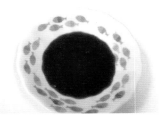

3. 配制酱油的感官鉴别

鉴别项目	酿造酱油	配制酱油
色泽	红褐色或棕褐色，有光泽；着色力强，在晃动中流动缓慢，并有较多的泡沫挂壁，即常说的"色咬碗"	颜色发黑，无光泽；在碗壁上流动较快，不易出现挂壁现象，泡沫很少，即"色不咬碗"
气味	有浓郁的酱香和酯香，无不良气味	无香味，还带有较强烈的焦煳味；添加蛋白水解液的配制酱油有盐酸味，并略有臭味
滋味	滋味鲜美，咸、甜、酸诸味协调适口，醇厚绵长	入口咸味重，有苦涩味，烹调出的菜肴不上色
杂质	无不良现象	表面上有一层白皮飘浮

4. 用味精废液生产的酱油的鉴别

取酱油样品 4 mL，放入 25 mL 具刻度的比色管中

↓

加入无水乙醇 4 mL，摇匀后立即观察沉淀情况（注意应立即观察，否则放置一段时间后也会有沉淀生成）

↓

立即观察无明显沉淀析出的酱油样品，即为不合格品

形成沉淀的速度越快，并且沉淀的性状由不明显的沉淀到明显的块状，为合格品

第三节　味精掺伪鉴别

一、味精的感官鉴别

1. 味精质量的鉴别

鉴别项目	优质味精	劣质味精
色泽	色泽洁白，光亮	颜色发乌发黄，呈黄铁锈色
味道	具有鲜味，略有咸味，无苦涩味，无异味，稀释100倍口尝仍有鲜味	有异味及有不良气味；稀释100倍，口尝感觉有苦、咸或甜味
形态	颗粒形状一致，色洁白有光泽，颗粒松散	晶体颗粒不均匀，有夹杂物

2. 掺伪味精的鉴别

（1）外观：味精有其本身固有的结晶形态，呈透明状的结晶物，晶体长度为 2~5 mm。

（2）pH 检验：根据味精水溶液的 pH 的大小，可以初步判断掺入物质的种类。

pH	判断
1% 水溶液：6 < pH < 8	正常味精
1% 水溶液：pH ≤ 6 或者 pH ≥ 8	掺假味精

当 pH 在 7 左右，而谷氨酸钠含量不足时，可考虑是掺入中性盐类所致，如食盐。

3. 掺杂味精的感官鉴别

掺杂物	掺杂味精	正品味精
石膏	呈乳白色，不透明，无光泽，颗粒大小不均匀；口尝时不仅难于溶化，而且有冷滑、黏糊之感	洁白如雪，光亮透明，颗粒细长；口尝时舌头感到冰凉，且味道鲜美
食盐	呈灰白色，无光泽，颗粒较小；口尝感到有苦咸味	—
面粉或淀粉	随面粉或淀粉色泽的不同而发生变化，无光泽，带有杂物，手触有光滑感，且取少许味精含在口中会有黏糊感	粉末状味精呈乳白色，光泽好，细小，手触有涩感，口尝有凉感，不易马上溶化，有类似鲜肉的腥味

二、味精掺杂的理化鉴别

掺入物质	实验操作	实验现象
淀粉	取样品约 0.5 g，加水 5 mL，加热溶解，冷却后，加入 1~2 滴碘液	呈现蓝色或蓝紫色
乙酸盐	取样品 1 g，加入无水乙醇 1 mL 及浓硫酸 1 mL，在水浴上加热振荡，冷却后，嗅其气味	产生乙酸乙酯的香气
磷酸盐	取样品 0.5 g，溶于少量水中，加钼酸铵溶液（5.3 g 钼酸铵溶于 100 mL 水中，加入 10 mL 浓硫酸，再用水稀释至 200 mL）2~3 mL，并加 4~5 滴浓硝酸，微热	生成黄色沉淀
碳酸盐	取样品 0.5 g，加少量水溶解后，加数滴 10% 盐酸（或硫酸）溶液	有气泡产生
硫酸盐	取样品 1 g，溶于少量水中，加 10 滴盐酸溶液（1+3），再加数滴 10% 氯化钡溶液	产生白色沉淀
硼酸盐	取样品 0.5 g 于小瓷皿中，加入 8~10 滴浓硫酸及乙醇（或甲醇）1~2 mL，充分混匀，点燃	呈绿色火焰
蔗糖	取 1 g 样品于试管中，加 0.1 g 间苯二酚及 3~5 滴浓盐酸，煮沸 5 min	呈现玫瑰红色

第四节　食醋掺伪鉴别

一、食醋的感官鉴别

鉴别项目	优质食醋	次质食醋	劣质食醋
色泽	呈琥珀色、红棕色或白色	呈琥珀色、红棕色或白色	呈琥珀色、红棕色或白色
味道	酸味柔和，稍有甜味，不涩，无异味；具有食醋特有的香气，无不良气味	酸味柔和，无异味	无固有的香气，有酸臭味、霉味和不良气味
形态	澄清，浓度适中，无悬浮物，无沉淀物，无霉花，无浮膜	澄清度稍差，有混浊，未见沉淀和白膜	混浊有沉淀，有白膜、害虫等

　　感官鉴别方法：取样品 2 mL 于 25 mL 带有塞子比色管中，加水至刻度，上下颠倒数次，观察色泽、澄清度，优质食醋不混浊，无沉淀物。取样品 30 mL 于 50 mL 烧杯中观察，应无悬浮物，无霉花，无浮膜。用筷子取样品尝味，应不涩，无其他不良的气味和异味。

二、掺入游离矿酸的鉴别

鉴别方法	实验操作	实验现象
指示剂法	取被检食醋 10 mL，置于试管中，加蒸馏水 5~10 mL，混合均匀（若食醋样品色深，可先用活性炭进行脱色处理），稀释至醋酸含量为 2%。沿试管壁滴加 3 滴 0.01% 甲基紫溶液	溶液若由紫色变成绿色至蓝色，则表示有游离矿酸（硫酸或硝酸、盐酸、硼酸）存在
试纸测试法	用刚果红试纸蘸少许试样，观察其变色情况	若试纸变为蓝色至绿色，则表示有游离矿酸存在

三、酿造食醋与人工合成醋的鉴别

取样品 50 mL，置于分液漏斗中，滴加 20% 的氢氧化钠溶液至呈碱性

↓

加入戊醇 15 mL，振荡，静置

↓

分离出戊醇，用滤纸过滤，收集滤液于蒸发皿内，置水浴上蒸干

↓

残渣用少量水溶解，再滴加几滴硫酸，使之呈酸性

↓

滴加碘液，如为酿造食醋，则产生明显的褐色沉淀；人工合成醋不与碘液发生反应

天天快检——食用农产品掺伪鉴别手册

第五节　酱类掺伪鉴别

一、豆酱和面酱的感官指标

感官指标	豆酱	面酱
色泽	呈红褐色或棕褐色，鲜艳，有光泽	呈黄褐色或红褐色，鲜艳，有光泽
气味	具有酱香和酯香气味，无其他不良气味	具有酱香和酯香味，无其他不良气味
滋味	鲜美而醇厚，咸淡适口，无酸、苦、焦煳味及其他异味	口味醇厚，鲜甜适口，无酸、苦、焦煳等其他异味
形态	黏稠适度，无杂质，无霉花	黏稠适度，无杂质，无霉花

豆酱（右）和面酱（左）对比

二、酱类的优劣鉴别

鉴别项目	优质酱类	劣质酱类
色泽	色泽为红褐色或棕褐色，油润发亮，有光泽	色泽灰暗，无光泽
味道	有酱香、酯香气，酱香醇厚，咸淡适中，无焦煳味，无苦味、酸味、无异味	气味有酸败味、霉味等异味；滋味有酸败味、苦、涩等异味
形态	黏稠适中，不稀；无霉花，无杂质，无杂菌	有杂质、杂菌、霉斑

三、掺假虾酱的鉴别

掺假的虾酱一般虾味不浓,色泽不好,口感较差。可采用淀粉法检验:取少许样品放置于载玻片上,滴加 1% 碘溶液,加盖玻片,于低倍显微镜下观察。若呈蓝紫色,则掺入了淀粉类物质。

第六节　红糖掺伪鉴别

红糖

真红糖和假红糖鉴别方法主要有以下几种：

鉴别项目	真红糖	假红糖
标签	成分表中是蔗糖	成分表中为赤砂糖
形状	看似硬如石头，但轻咬则入口即化	一般化工调配加工的红糖色泽稍浅，表面很硬
流动性	用袋子装着倒过来看，颗粒流动性差，因为含有水分和其他物质，更黏质阻碍流动	用袋子装着倒过来看，颗粒的流动性很好
气味	闻起来有甘醇的香甜气息并夹杂着清新的蔗香	可能会有刺鼻的气味
味道	入口细腻，如口含宝玉，舌尖唇齿间缓缓散逸，甘甜、温润、醇香	只有单一的甜腻，会咔咔地响，像嚼石沙子一样
冲泡检验	用开水冲泡红糖后，会看到很多小气泡不断冒上来；气泡从下到上逐渐变大，且气泡不均匀；同样的量泡水，真红糖要比假红糖甜的多	用开水冲泡赤砂糖，气泡则是均匀的，细小的
手捏	用手捏一小颗不断在大拇指和食指指尖之间来回搓，真红糖不管再怎么硬都会散，而且会有黏性	用手捏一小颗不断在大拇指和食指指尖之间来回搓，假红糖硬而且搓不散
刀刮	虽然有声音，但很小，而且能感觉到那种声音很软	声音会很响，如刮石头

第七节　香辛料掺伪鉴别

一、大料的掺伪鉴别

大料学名八角茴香、大茴香，假大料主要为莽草和厚皮八角，可以通过以下几点来鉴别真假大料。

大料（八角）

鉴别项目	大料	假大料
骨朵	多由 8 个骨朵果组成，放射性排列于中轴上；骨朵果长 1~2 cm，宽 0.3~0.5 cm，高 0.6~1 cm	由 7~8 个较瘦小的骨朵果组成，呈轮状排列聚合；单一的骨朵果长约 1.5 cm，宽 0.4~0.7 cm，前端渐尖，略变曲
外表皮	外表红棕色有不规则皱纹，顶端呈鸟喙状，上侧多开裂，里面含 1 粒种子	外表面呈红褐色，果皮较薄，背面粗糙，沿腹缝开裂，果实瘦长
气味	内表面淡棕色，质硬而脆，气味芳香，味辛，闻起来有独特的甜味	具有特异香气，味先微酸而后甜
角	真正的八角不一定就 8 个角，一般是 6~8 个角，少数有 9 个，或者由于发育不良，出现几个角长短不一的情况	莽草和厚皮八角的果实有 10~13 个角，莽草顶端渐尖，向内弯曲成倒钩状
口味	香味偏浓，没有辛辣、麻嘴味	有辛辣味，还有的有樟脑、松针的气味，还有麻舌感

1. 大料与莽草鉴别

鉴别项目	实验操作	大料	莽草
气味	闻	散发着浓郁的甜香味	几乎没什么气味，凑得很近时，才能隐约闻到淡淡的木材气味
味道	尝	味道是甘中带甜的，对味蕾的刺激相当明显	味道是苦涩的，没有甜味，气味、口味较弱，久尝后有麻舌的感觉
色泽	取 5 g 试样粗粉，加水 200 mL，煮沸 40 min，过滤后加热浓缩至 50 mL	溶液为棕黄色	溶液为浅黄色
pH	浓缩液用酸度计测定	溶液 pH 为 4.0 左右	溶液 pH 为 3.5 左右
乙醇溶液混浊度	取试样粉末 1 g，置于试管中，加乙醇 5 mL，置水浴中加热煮沸。2 min 后取出，冷却、过滤。取滤液 1 mL，加蒸馏水 25 mL 稀释	稀释液呈乳白色混浊状，有浓厚的茴香味	稀释液则为无色透明，有松木气味
氯化铁呈色反应	取稀释液 10 mL，置小分液漏斗中，加等量最低沸点石油醚，振摇分层，取出石油醚，挥干。向残渣中加入 0.25% 氯化铁的冰醋酸溶液 1 mL，然后缓缓倾入装有 1~2 mL 浓硫酸的试管中	大料冰醋酸溶液与浓硫酸接触面呈棕色环	莽草冰醋酸溶液与浓硫酸的接触面呈绿色环

八角伪品——莽草

八角伪品——短柱八角

2. 大料与红茴香鉴别

红茴香与八角最难区分，相对来说，红茴香果实整体瘦小，呈红棕色或红褐色，外表比正常茴香粗糙，有皱纹，气味稍弱些，味酸而略甜。

八角伪品——红茴香

八角伪品——多蕊红茴香

3. 大料与地枫皮鉴别

地枫皮呈红色或红棕色，果皮整体瘦薄，单瓣果实前端长而渐尖，并向内弯曲成倒钩状，像鸟嘴样，香气微弱而呈松脂味，有麻舌感。

八角伪品——地枫皮

二、辣椒粉的掺伪鉴别

辣椒粉

1. 感官鉴别

正常辣椒粉呈深红色或红黄色，粉末均匀、松散，有辣椒固有的香辣味，无染手的红色。掺杂的辣椒粉有以下特征：

鉴别项目	掺杂辣椒粉特征
外观	可见大量木屑样物或绿色的叶子碎渣，片薄色杂，颜色深浅不均匀
气味	略能闻到一点或根本闻不到辣气或是鼻嗅有豆香味
口感	用舌头舔感到牙碜，或是放在口中感觉黏度大，抑或是品尝略有甜味

2. 理化鉴别

鉴别方法	实验操作	结果判断
灼烧检验	取少许试样置于瓷坩埚中，在调温电炉或电热板上徐徐加热灼烧至冒烟	正常辣椒粉发出浓厚的呛人气味，闻之会咳嗽、打喷嚏；掺假的辣椒粉则只见青烟，呛人的气味不浓

（续表）

鉴别方法	实验操作	结果判断
色素检验	取适量样品粉末置于试管中，加水5~6 mL，加石油醚2~3 mL，盖上盖子，充分振摇，静置分层，观察石油醚层是否呈色	如石油醚层无色或呈色很淡，而水层呈红色，即为假辣椒粉或掺伪辣椒粉
掺红砖粉的检验	将少许样品粉末置于大试管中，加入饱和食盐水溶液 10~15 mL，充分振摇，放置片刻	如果试管底部有红色沉淀，则说明掺有红砖粉

三、花椒的掺伪鉴别

正品花椒色鲜红、内黄白、具裂口、麻味足、香味大、无椒柄，外表面紫色或棕红色，并有多数疣状突起的油点。内表面淡黄色，光滑。

伪品花椒粒小、不裂口、色暗淡、呈黄绿色或青色，香味和麻辣味淡薄，不易破裂。

正常花椒（左）和掺伪花椒（右）对比

1. 感官鉴别

鉴别项目	正常花椒粉	掺假花椒粉
颜色和状态	棕褐色，颗粒状	土黄色，粉末状，有时霉变、结块
口尝	有花椒味，舌尖有发麻的感觉	花椒味很淡，口尝除舌尖有微麻的感觉外还带有苦味

2. 理化鉴别

鉴别方法	实验步骤	结果判断
泡水检验	把几粒花椒放进水里	一下子就沉了底,很快渗出了红颜色,浸泡几分钟后,全部化成泥,证明是假花椒
掺入淀粉的检验	取样品 1 g 左右置于试管中,加水 10 mL,于水浴中加热煮沸,放冷后,加碘 - 碘化钾溶液(将 1~2 片碘溶于 20 mL 1% 碘化钾溶液中)2~3 滴	如溶液变蓝紫,则说明掺入了淀粉类物质

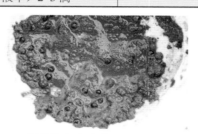

假花椒在水中泡后的现象

四、胡椒粉的掺伪鉴别

正品胡椒粉

检验类别	实验操作	正品	掺伪品
白胡椒粉	手摸	手感微细,颗粒均匀	无微细颗粒感,粗细不均
	口尝	呈浅棕色,口感辛辣纯正,香气浓郁	口感激辣,味道不正,无香味

（续表）

检验类别	实验操作	正品	掺伪品
黑胡椒粉	观察和闻	为棕褐色；有香辣味	黑褐色；有刺鼻辣味
胡椒粉	水溶性煮沸试验：取少许样品，放入试管中，加水 5 mL，放在酒精灯上煮沸	上层液为褐色，下层有棕褐色颗粒沉淀	上层液为淡褐色，下层有黄橙色或黑褐色颗粒沉淀
	组织结构检验：取少量样品加 1% 氢氧化钠溶液浸泡 0.5 h，移置载玻片上，在显微镜下，用低倍镜观察颗粒的组织结构	有杆状结晶，两端较圆，绿色亮光及其他组织	有少量杆状结晶和梳状纤维组织，类似糠皮的组织结构，还有黄色粗纤维
	淀粉的检验：取少许样品置于载玻片上，滴加碘－碘化钾溶液 2~3 滴	慢慢变黑，镜检无碘淀粉的蓝色	很快变为蓝黑色碘淀粉颗粒

五、桂皮的掺伪鉴别

鉴别项目	真桂皮	假桂皮
质地	稍粗糙，有不规则细皱纹和突起物	质地松酥，折断无响声
内外表皮	内表红棕色、平滑，有细纹路，划之显油痕，断面外层棕色，平整，内层红棕色而油润，近外层有一条淡黄棕色环纹	外表呈灰褐色或灰棕色，略粗糙，可见灰白色斑纹和不规则细纹理；内表面红棕色，平滑
气味	气香浓烈，味甜、微辛，嚼之无渣，凉味重	气微香，味辛辣

桂皮正品

肉桂伪品——柴桂

肉桂伪品——三钻风

肉桂伪品——阴香

肉桂伪品——山桂皮

六、小茴香的掺伪鉴别

鉴别项目	正品小茴香	伪品莳萝	伪品孜然芹
外形	呈圆柱形，两端略尖、微弯曲，分果呈长椭圆形，背面5条隆起的纵肋，腹面稍平坦	较小且圆，为广椭圆形，扁平，背棱稍突起，侧棱延展成翅	呈拱圆形或椭圆形，分果呈扁平椭圆形，背面有3条稍隆起的棱线
颜色	黄绿色或绿黄色	黄绿色或绿黄色	灰棕色或深棕色
气味	有特异香气，味微甜，略带辛辣味	气特异，味微辛辣	气特异，味微辛辣

小茴香正品

小茴香伪品——孜然芹

第六章
酒、茶、饮料掺伪鉴别

第一节　白酒掺伪鉴别

　　白酒在当今人们生活中占有重要地位，而如今市面上销售的白酒中却不乏各种假酒，其普遍分为两种类型：一种是用普通白酒假冒名酒欺骗消费者；另一种则是私自进行白酒勾兑，目前市场上有些不法厂商为了牟取暴利，经常用水或工业酒精（含甲醇）勾兑假酒。

一、包装外观鉴别

鉴别项目	真白酒	假白酒
酒瓶形状	许多白酒生产厂使用的酒瓶具有特色的形状，比如茅台酒多年一直使用白色圆柱形玻璃瓶，泸州老窖特曲使用异形瓶等	—
包装印刷	印刷十分讲究，纸质精良白净，字体规范清晰，图案套色准确，油墨线条不重叠，包装边缘严丝合缝，无松弛现象	印刷模糊不清，包装粗糙
瓶盖	国家认可的名牌白酒瓶盖多数是铝质金属防盗盖，盖上有图案及文字整齐清楚，盖体光滑，形状统一，开启方便，对口严密	瓶盖口不易扭断，瓶盖文字模糊不清
酒状态	通过玻璃瓶外看上去清澈透明，而且没有沉淀，酒花呈现均匀分布，酒液清澈透明	浮游有杂物，酒花密集分布不均匀

二、感官鉴别

鉴别方法	优质白酒	劣质白酒
把酒瓶倒过来摇晃，观察酒花变化	酒花密集而且消失缓慢，酒依旧保持清亮透明	酒花少，消失较快，而且有漂浮物
取一滴白酒放在手心里，然后合掌使两手心接触用力摩擦几下	如酒生热后发出的气味清香，则为优质酒；如气味发甜，则为中档酒	气味苦臭

鉴别方法	优质白酒	劣质白酒
将一滴食用油滴入酒中	油在酒中较为规则扩散和均匀下沉	油不规则地扩散，下沉速度变化明显
把少量水滴入酒中	出现失光、混浊的现象，因为粮食酒中有些物质不溶于水，只溶于酒，酒加水后度数下降水增多，导致里面的物质析出	不失光，依旧澄清

三、化学鉴别

市面上已有销售检测白酒中甲醇的快速检测试剂盒，最低检测限达到 0.01 g/100 mL，适用于白酒样品中甲醇含量的测定，可按照以下步骤进行检测：

取两滴酒样放进一个带塞子的透明小玻璃管

↓

往玻璃管里加入 3 滴指示剂 A，盖好塞后摇匀

↓

静置 5 min 后打开离心管塞，向其中滴加 3 滴指示剂 B，盖好塞后摇匀直至无色澄清状态

↓

打开离心管塞，向其中滴加 2 滴指示剂 C（指示剂 C 含有浓硫酸，混合后离心管会发热，操作时需注意安全），盖上塞子（无须摇匀）

↓

2 min 后观察显色情况，参照第一标准比色板（实物卡）初步判读结果

↓

摇匀后静置 3 min，观察显色情况，参照第二标准比色板（色块卡）判读最终结果

结果判定：

假酒甲醇快速检测试剂

样品中含量（g/100mL）	0	0.01	0.02	0.04	0.08	0.12	0.20	0.40

第二节　葡萄酒掺伪鉴别

一、包装外观鉴别

鉴别项目	观察要点
外包装	原装进口葡萄酒进口时按箱包装的，没有任何礼盒类包装
标签	原装进口葡萄酒印刷清晰，有中文标签与证书，包括：名称，原产国家与地区，生产日期，保质期，储藏指南，制造，包装，分装与经销单位的名称和地址，中国国内的总经销商名称与地址等信息，以上信息为中文黑体字。没有中文标签，缺乏相关法定标签信息为非原装进口葡萄酒
证书	原装进口葡萄酒在 2010 年 1 月 1 日后有底纹防复印新版 CIQ 证书，正常隐含不可见；但在 CIQ 证书出现 copy 字样的为非原装进口葡萄酒
报关单	原装进口葡萄酒有报关单
生产日期	使用特别标注法：如 L7296A0611：58 表示 2007 年第 296 天灌装，在 A06 生产线，时间为 11：58
条形码	0 美国，3 法国，6 中国，7 智利，8 西班牙，9 澳大利亚
计量单位	原装进口葡萄酒以法国为例计量单位表示为 cL（厘升），而表示为 mL（毫升）的为非原装进口葡萄酒
瓶身数字	原装进口葡萄酒瓶底或瓶身下端有凹凸的英文和数字（表示容量和酒瓶的直径）
酒标识	原装进口葡萄酒正面贴有进口国文字的正标签，背面贴有相应的中文背标
酒封	原装进口葡萄酒酒塞上的酒封可以旋转，酒封封死的为非原装进口葡萄酒
酒塞标识	原装进口葡萄酒木塞上的文字与酒瓶标签上的文字一致

二、感官鉴别

鉴别项目	观察要点
酒色	酒色自然，葡萄酒中无不明悬浮物（注：瓶底有少许沉淀属正常结晶）为正常葡萄酒，颜色混浊表明酒质已经变坏
气味	可有橡木桶、黑樱桃等不同的香味，但无掺杂异味，若酒中有指甲油等呛人气味表明酒质已经变坏或为假酒
口感	优质葡萄酒饮用后可令人神清气爽，饮第一口酒时喉头有平顺的感觉为正常的葡萄酒，有刺激感为问题葡萄酒；咽酒后，有化学味或臭味残留口中的为非正常酒

三、"三精一水"葡萄酒鉴别

1. 纸巾法

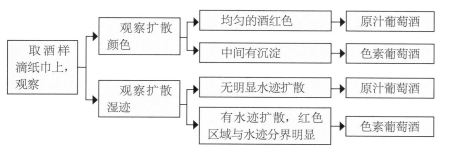

结果判定：纸巾上扩散湿迹显均匀酒红色且无明显水迹扩散可判断为原汁葡萄酒；纸巾中间有沉淀且水迹不断扩散，红色区域与水迹分界明显可判断为色素葡萄酒。

2. 加碱法

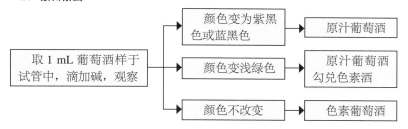

原汁葡萄酒＋碱　　　原汁葡萄酒＋色素酒＋碱　　　色素葡萄酒＋碱

原汁葡萄酒＋碱　　　原汁葡萄酒＋色素酒＋碱　　　色素葡萄酒＋碱
（后，前）　　　　　　（后，前）　　　　　　　（后，前）

结果判定：试管内液颜色变为紫黑色或蓝黑色，可判断为原汁葡萄酒；试管内液颜色变为浅绿色，可判断为原汁葡萄酒加勾兑色素葡萄酒；试管内液遇碱颜色不改变，可判断为色素葡萄酒。

3. 试纸法

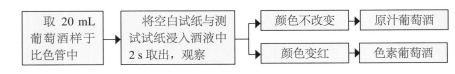

结果判定：测试试纸颜色不变可判断为原汁葡萄酒，测试试纸颜色变红可判断为色素葡萄酒。

第三节　茶叶掺伪鉴别

一、感官鉴别

选购茶叶时，可通过一看、二闻、三摸、四品的方法进行鉴定。优质茶叶有原料嫩、外形匀整、色泽正、香气浓、味鲜醇等特征，而粗茶则是色泽复杂、香气低沉、味道清淡、外形松散。用适当温度的水冲泡茶叶，把茶叶充分泡开，具体可以通过以下几个方面来观察鉴定。

鉴别项目	真茶叶	假茶叶
香味	具有茶叶固有的清香，且香味纯正	有青腥气、烟焦或其他异味
叶脉	有明显的网状叶脉，主脉直接延伸至顶端，主脉明显，侧脉延伸至离边缘 1/3 处向上弯曲呈现弧形，与上方侧脉镶边，构成密闭网脉系统	叶脉不明显，多呈羽状分布，直通叶片边缘
边缘	边缘锯齿明显，基部锯齿稀疏	有的有锯齿，锯齿粗大锐利或细小平钝；有的无锯齿，边缘平滑
茸毛	叶背面有白茸毛，茸毛基部短，弯曲度大	有的正反两面都有白茸毛，茸毛是直立状的

二、理化鉴别

鉴别方法	实验操作	结果判断
火试	取几片茶叶，用火点燃	真茶叶有馥郁芳香，用手指捏碎灰烬细闻，可闻到茶香；假茶叶有异味而无茶香。最好同时用正品茶叶和待辨茶叶火灼比较

（续表）

鉴别方法	实验操作	结果判断
细胞识别法	将茶叶浸入 10% 氢氧化钾溶液内，24 h 后取出，浸入水与氯乙醛（5∶2）溶液内褪色，再用次氯酸钠漂白，在显微镜下观察	有茸毛草酸钙结晶体和枝状石细胞的是真茶叶
咖啡因检测方法	将茶叶磨碎加入试管或烧杯之中，加入 2 mL 蒸馏水煮沸，冷却之后，加入 0.5 mL 氯仿充分振荡摇匀，静止，吸管吸取氯仿层至载玻片上，晾干，观察	有白色咖啡因针状晶体出现的是真茶叶

第四节　果汁饮料掺伪鉴别

市面上有各种各样的果汁饮料，有很多商家为了非法牟利，常会用糖浆、酸味剂、香精等勾兑出来的饮料冒充鲜榨果汁；而市面上销售的已密封包装好的果汁饮料中，除 100% 原果汁外，一般果汁饮料在生产过程中都要加糖、食用色素、香料和防腐剂。

一、感官鉴别

鉴别项目	真果汁	假果汁
质感	有自然的色泽，呈混浊状态，会有果肉，放置一段时间还容易分层	清澈、透亮，颜色鲜艳，一般不会出现分层现象
泡沫	泡沫持久	没有泡沫
气味	有淡淡的水果的清香味	很浓郁的香味
颜色	鲜榨果汁放一段时间颜色就会变暗一点，因为被氧化了	颜色一直鲜艳不变
味道	有水果的香味，不会特别甜	甜到发腻

二、化学鉴别

1. 斐林试剂法

（1）斐林试剂的配置

甲溶液：称取 7 g 硫酸铜，加水 100 mL；

乙溶液：称取 35 g 酒石酸钾与 10 g 氢氧化钠混匀，加水 100 mL；

斐林试剂：将甲、乙两种溶液按 1：1 混合均匀即为斐林试剂。

（2）实验步骤

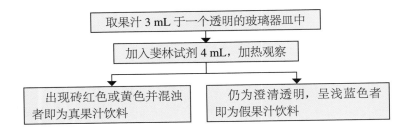

2. 显色反应法

鉴别时，将 2 mL 待测饮料加入透明玻璃容器中，若待检测溶液 pH ＜ 8，则用氢氧化钠溶液调节 pH ＞ 8，加入 2 滴 0.4% 亚甲基蓝酒精溶液，加热至沸腾，根据溶液蓝色是否迅速褪色判别饮料的真伪，褪色的是真果汁，不褪色的是假果汁。

第五节　咖啡掺伪鉴别

一、咖啡豆的鉴别

咖啡豆主要鉴别新鲜度和是否掺杂，质量好的咖啡豆可以通过以下几个方面来挑选：

鉴别项目	优质咖啡豆	劣质咖啡豆
气味	有浓郁的咖啡香味	没有香味或闻起来有陈味
外观	豆大肥美，皱褶均匀，大小一致，无色无斑	形状残缺不一，大小不一，有颜色上的差异，有斑点
手感	实心的	空壳的
咀嚼情况	声音清脆，齿颊留香	声音沙钝，有不好的味道

优质咖啡豆（左）和掺杂咖啡豆（右）对比

二、咖啡粉的鉴别

假冒咖啡中常见的是往咖啡粉中掺入烤玉米粉、大麦粉、大豆粉、大米粉、红糖粉和菊苣根粉等，速溶咖啡里掺入麦片、淀粉等，可以通过以下方法来初步鉴别咖啡粉是否掺杂：

1．感官鉴别

鉴别项目	纯咖啡粉	掺杂咖啡粉
气味	有股咖啡的清香味	会有各种不同的、不愉快的味道，大部分有种焦煳味，也有可能是咖啡粉的质量不好
颜色和颗粒	大小颗粒均匀，颜色均一，不成团结块	颗粒大小不一，颜色不均，有黄的，有黑的，有成团结块等现象
冲泡情况	会有漂亮细致的泡沫膨松胀起，冲泡后立即溶解，无漂浮和渣子	没有细致的泡沫膨松胀起，不能完全溶解，有漂浮和渣子
味道	喝起来润滑，不涩，果酸味容易接受，苦味是柔和，没有像烟味和焦味般的苦味	很难喝，有的发涩，有的太酸

2．物理鉴别

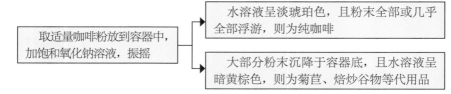

取适量咖啡粉放到容器中，加饱和氧化钠溶液，振摇

→ 水溶液呈淡琥珀色，且粉末全部或几乎全部浮游，则为纯咖啡

→ 大部分粉末沉降于容器底，且水溶液呈暗黄棕色，则为菊苣、焙炒谷物等代用品

3．掺入菊苣根粉的鉴别

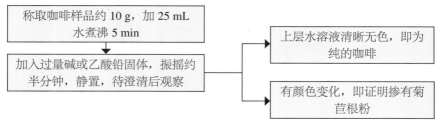

称取咖啡样品约 10 g，加 25 mL 水煮沸 5 min

加入过量碱或乙酸铅固体，振摇约半分钟，静置，待澄清后观察

→ 上层水溶液清晰无色，即为纯的咖啡

→ 有颜色变化，即证明掺有菊苣根粉

4．掺假咖啡的显微鉴别

鉴别种类	显微镜镜检
真咖啡粉	棕色不规则砂粒，砂晶状，镜下串联成直链和支链，10% 咖啡水溶液镜下大多呈棕色不规则砂晶状，表面密布卷曲纹；咖啡粉末显微透光性强于大麦、黑玉米等禾谷类淀粉颗粒

鉴别种类	显微镜镜检
掺巴西莓果粉咖啡	水溶液镜下常见深浅不一紫红色、紫色表面平滑晶块晶片，还有极少表面呈紫红色、棕红色蜂窝状纹路碎块
掺炒大麦粉末咖啡	镜下大多呈灰色、灰黑色、棕黑色无定型不规则碎粒状、块状，其水溶液镜下呈边缘较柔和或散碎无定型银灰色、银黑色、灰黑色碎块或糊化团
掺黑玉米粉末咖啡	水溶液镜下大多呈银灰色、银黑色不规则块状物，边缘或柔和或散碎

5. 掺入黑玉米、大麦和巴西莓果粉的红外鉴别

红外光谱检测属于无污染和无损伤低碳环保检测技术，样品不需特别的预处理，不使用有毒有害试剂。本鉴别方法基于衰减全反射红外光谱法以及便携式红外光谱仪一致性检验原理，采集咖啡、黑玉米、大麦和巴西莓果粉的红外漫反射光谱，用 OPUS 软件建立咖啡一致性检验模型，以咖啡样品红外光谱图为参考光谱，以掺杂样品光谱

红外光谱仪

图为验证光谱进行一致性检验分析。利用该一致性检验模型能够准确区分咖啡中是否掺入一定量的黑玉米粉、大麦粉和巴西莓果粉。

第七章
食用菌掺伪鉴别

第一节　黑木耳掺伪鉴别

一、掺入食盐的鉴别

1. 感官鉴别

鉴别项目	操作步骤	观察要点	判断
状态	眼看	表面有白色粉、结晶体	黑木耳掺食盐
手感	手握	质硬而不脆	
口感	品尝黑木耳水浸泡液	有咸味	

2. 化学鉴别

称取 5 g 黑木耳于三角瓶内　→　加水 100 mL 浸泡 1 h，摇匀，过滤　→　黑木耳水浸泡液

◎氯离子的检验

a. 硝酸银沉淀法

取黑木耳水浸泡液 1~2 mL 于试管中　→　滴加 1~2 滴硝酸银溶液，观察　→　白色沉淀　→　掺食盐木耳

硝酸银 10 g 溶于蒸馏水至 100 mL

结果判定：试管内液显白色沉淀，可判断黑木耳中掺有食盐。

b. 醋酸铅沉淀法

取黑木耳水浸泡液 1~2 mL 于试管中　→　滴加 1~2 滴醋酸铅溶液，观察　→　白色沉淀　→　黑木耳掺食盐

醋酸铅 10 g 溶于蒸馏水至 100 mL，过滤

结果判定：试管内液显白色沉淀，可判断黑木耳中掺有食盐。

◎钠离子的检验

a. 火焰燃烧法

黑木耳火焰燃烧法实验

用镊子取一片黑木耳 → 置酒精灯火焰上燃烧，观察 → 黄色火焰，有噼啪声 → 黑木耳掺有食盐

结果判定：燃烧过程中产生黄色火焰并有噼啪声，可判断黑木耳掺有食盐。

b. 醋酸氧钠钴试剂法

取黑木耳水浸泡液 3 mL 于试管中 → 滴加 3~5 滴醋酸 6 mol/L 溶液 → 3~5 滴醋酸氧钠钴 → 金黄色沉淀 → 黑木耳掺有食盐

结果判定：试管内液生成金黄色沉淀，可判断黑木耳掺有食盐。

二、掺入糖的鉴别

1. 感官鉴别

鉴别项目	观察要点	判断
手感	软而有弹性	黑木耳掺糖
口感	有甜味	
颜色	黑色或棕褐色	
形态	质地发酥，易潮湿，分散性差，黏结，纹理不清	

2. 化学鉴别

◎莫立许（Molisch）反应

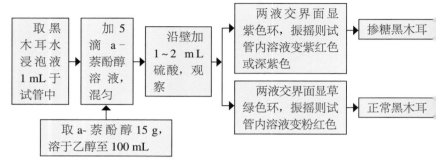

结果判定：试管内两液交界面显草绿色环，振摇则试管内溶液变粉红色，可判断为正常黑木耳；两液交界面出现紫色环，振摇则试管内溶液变紫红色或深紫色，可判断黑木耳掺有糖。

◎苯胺－邻苯二甲酸试剂法

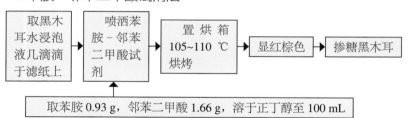

结果判定：滤纸显红棕色反应，可判断黑木耳掺有糖。

◎蒽酮反应

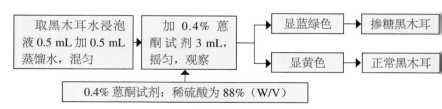

结果判定：试管内液显蓝绿色，可判断为掺糖黑木耳；显黄色，为正常黑木耳。

◎手持测糖仪快速检验

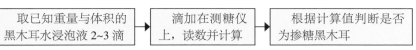

结果判定：根据计算值判断是否为掺糖黑木耳。

$$掺糖量 = \frac{测定百分浓度}{取样重量} \times 100\%$$

三、掺入硫酸镁的鉴别

1. 感官鉴别

鉴别项目	观察要点	判断
口感、气味	嗅有咸味，味苦涩	
手感	质坚硬，易潮湿	黑木耳掺硫酸镁
颜色	内外面发黑，有白色附着物	
组织	分散性差，黏结，纹理不清晰	

2. 化学鉴别

◎硫酸根离子的检验

a. 氯化钡沉淀法

结果判定：试管内液产生的白色沉淀不溶于盐酸或硝酸，可判断黑木耳掺有硫酸根离子。

b. 硝酸银沉淀法

结果判定： 试管内液产生白色沉淀，可判断黑木耳掺有硫酸根离子。

c. 醋酸铅沉淀法

结果判定： 试管内黑木耳水浸泡液显白色沉淀，可判断黑木耳中掺有硫酸根离子。

◎ 镁离子的检验

a. 碱沉淀反应

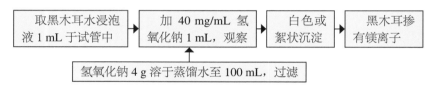

结果判定： 试管内黑木耳水浸泡液显白色或絮状沉淀，可判断黑木耳中掺有镁离子。

b. 碳酸盐沉淀法

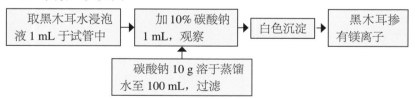

结果判定： 试管内黑木耳水浸泡液显白色沉淀，可判断黑木耳中掺有镁离子。

c. 镁试剂反应法

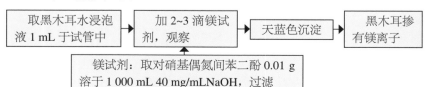

结果判定：试管内黑木耳水浸泡液显天蓝色沉淀，可判断黑木耳中掺有镁离子。

　　d. 达旦黄反应

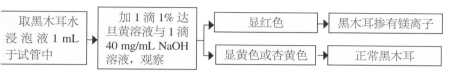

　　结果判定：试管内黑木耳水浸泡液显黄色或杏黄色可判断为正常黑木耳；显红色，可判断黑木耳中掺有少量镁离子；显血红色，可判断黑木耳中掺有大量镁离子。

　　e. 黑木耳中硫酸镁快速检测试剂盒法

　　Ⅰ. 镁离子鉴别：取黑木耳水浸泡液 1 mL 于试管中，滴加 1 滴试剂 A，观察现象。

　　Ⅱ. 硫酸根离子鉴别：取黑木耳水浸泡液 1 mL 于试管中，滴加 1 滴试剂 B，观察现象。

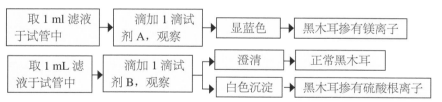

　　结果判定：试管内液显蓝色反应，可判断黑木耳水浸泡液中掺有镁离子；试管内液产生白色沉淀，可判断黑木耳水浸泡液中掺有硫酸根离子。若实验中以上现象都出现，可判断黑木耳掺有硫酸镁。

四、掺入硝酸铵的鉴别

1. 感官鉴别

鉴别项目	操作步骤	观察要点	判断
口感	品尝黑木耳水浸泡液	味臊	黑木耳掺硝酸铵

2. 化学鉴别

◎铵离子的检验

a. 石蕊试纸反应

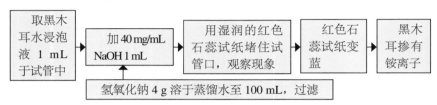

取黑木耳水浸泡液 1 mL 于试管中 → 加 40 mg/mL NaOH 1 mL → 用湿润的红色石蕊试纸堵住试管口，观察现象 → 红色石蕊试纸变蓝 → 黑木耳掺有铵离子

氢氧化钠 4 g 溶于蒸馏水至 100 mL，过滤

结果判定： 试管口湿润红色石蕊试纸变蓝，可判断黑木耳掺有铵离子。

b. 萘斯勒试剂反应（Nessler）

取黑木耳水浸泡液 1 mL 于试管中 → 加 5 滴萘斯勒试剂，观察 → 红棕色沉淀 → 黑木耳掺有铵离子

萘斯勒试剂：取碘化汞 11.5 g，碘化钾 8 g，溶于蒸馏水至 50 mL，加 50 mL 240 mg/mLNaOH 混匀，静置，取上清液，过滤

结果判定： 试管内液产生红棕色沉淀，可判断黑木耳中掺有铵离子。

◎硝酸根离子的检验

硫酸亚铁反应

取黑木耳水浸泡液 1 mL 于试管中 → 加 3~5 滴硫酸亚铁，振摇 → 沿管壁滴加浓硫酸，观察现象 → 两液交界处显棕色环 → 黑木耳掺有硝酸根离子

结果判定： 试管内两液交界处显棕色环，可判断黑木耳掺有硝酸根离子。

五、掺入硫酸铵的鉴别

1. 感官鉴别

鉴别项目	操作步骤	观察要点	判断
口感	品尝黑木耳水浸泡液	味臊	黑木耳掺硫酸铵

2. 化学鉴别

◎硫酸根离子的检验

详见"三、掺入硫酸镁的鉴别"。

◎铵离子的检验

详见"四、掺入硝酸铵的鉴别"。

六、掺入碳酸氢铵的鉴别

1. 感官鉴别

鉴别项目	观察要点	判断
外观	表面有白霜	黑木耳掺盐类

2. 化学鉴别

◎碳酸氢根离子的检验

a. 石灰水混浊反应

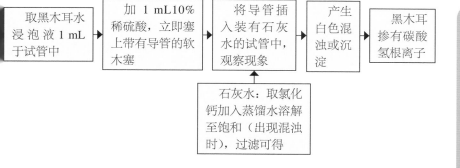

取黑木耳水浸泡液 1 mL 于试管中 → 加 1 mL10% 稀硫酸，立即塞上带有导管的软木塞 → 将导管插入装有石灰水的试管中，观察现象 → 产生白色混浊或沉淀 → 黑木耳掺有碳酸氢根离子

石灰水：取氯化钙加入蒸馏水溶解至饱和（出现混浊时），过滤可得

结果判定：试管或三角瓶内液出现白色混浊或沉淀，可判断黑木耳中掺有碳酸氢根离子。

b. 铵离子的检验

详见"四、掺入硝酸铵的鉴别"。

七、掺入淀粉的鉴别

1. 感官鉴别

鉴别项目	观察要点	判断
手感	硬而不脆，表面无白霜	黑木耳掺淀粉

2. 化学鉴别

◎碘试剂显色反应

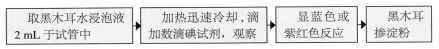

| 取黑木耳水浸泡液 2 mL 于试管中 | 加热迅速冷却，滴加数滴碘试剂，观察 | 显蓝色或紫红色反应 | 黑木耳掺淀粉 |

结果判定：试管内液显蓝色，可判断黑木耳中掺有淀粉。

注：要求黑木耳水浸泡液 pH 在 2~9，pH 小于 2 淀粉易水解，pH 大于 9 则碘易生成碘酸盐，不利于反应进行；要求黑木耳水浸泡液加热后迅速冷却再滴加碘试剂。

八、掺入矾盐的鉴别

1. 感官鉴别

鉴别项目	观察要点	判断
外观	表面有白色粉末、结晶体	黑木耳掺矾盐
手感	硬而不脆	
口感	酸涩	

2. 化学鉴别

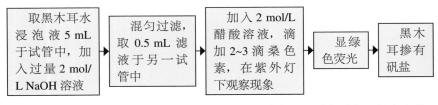

| 取黑木耳水浸泡液 5 mL 于试管中，加入过量 2 mol/L NaOH 溶液 | 混匀过滤，取 0.5 mL 滤液于另一试管中 | 加入 2 mol/L 醋酸溶液，滴加 2~3 滴桑色素，在紫外灯下观察现象 | 显绿色荧光 | 黑木耳掺有矾盐 |

结果判定：试管内溶液在紫外灯下显绿色荧光，可判断黑木耳掺有矾盐。

九、掺入碱（碳酸盐）的鉴别

1. 感官鉴别

鉴别项目	观察要点	判断
手感	质软而有弹性	黑木耳掺碱
口感	味苦	黑木耳掺碱

2. 化学鉴别

结果判定：试管内立刻产生大量气泡，可判断黑木耳掺有碳酸盐。

十、掺入化肥的鉴别

1. 感官鉴别

鉴别项目	观察要点	判断
外观	朵面出现大小不均菱形结晶，干燥时朵形僵结成块	黑木耳掺有化肥（尿素）
手感	质硬	
口感	舌尖发麻，有咸、涩及后味微甜等怪味	
泡水状况	浸泡液呈混浊糊状的黄色	

2. 化学鉴别

◎萘斯勒试剂反应（Nessler）

详见"四、掺入硝酸铵的鉴别"。

◎格里斯试剂法

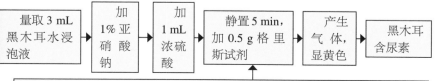

结果判定：反应管内有气体产生，溶液显黄色，可判断黑木耳含有尿素。

◎乙酰肟法

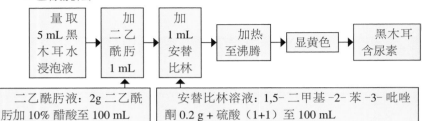

结果判定：反应管内溶液显黄色，可判断黑木耳含有尿素。

十一、掺入甘油的鉴别

1. 感官鉴别

鉴别项目	观察要点	判断
形状	不规则片状	黑木耳掺有甘油
色泽	深褐色，表面发亮显油性	
质地	极柔软，不易折断	
手感	手摸发黏，置纸上有油迹	
泡发状况	膨胀速度快，但膨胀度小，浸泡液颜色深，显黏性	
味道	味先微苦而后微甜，无臭，有麻辣味	

2. 化学鉴别

结果判定：试管内有香气逸出，可判断黑木耳掺有甘油。

十二、掺入铁粉的鉴别

化学鉴别

◎硫氰酸铵显色反应

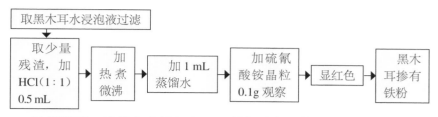

取黑木耳水浸泡液过滤 → 取少量残渣，加HCl（1:1）0.5 mL → 加热煮微沸 → 加1 mL蒸馏水 → 加硫氰酸铵晶粒0.1g观察 → 显红色 → 黑木耳掺有铁粉

结果判定：试管内液显红色，可判断黑木耳掺有铁粉。

十三、掺入钾离子的鉴别

化学鉴别

◎钴亚硝酸钠反应

取黑木耳水浸泡液3 mL于试管中 → 加3~5滴（6 mol/L）醋酸 → 加3~5滴钴亚硝酸钠 → 搅匀静置，观察 → 产生黄色晶体 → 黑木耳掺有钾离子

结果判定：试管内产生黄色晶体，可判断黑木耳掺有钾离子。

十四、掺入其他物质的鉴别

1. 掺入墨汁的鉴别

鉴别项目	正常黑木耳	掺假黑木耳
颜色	正面黑褐色，背面灰白色	两面黑色
味道	自然清香味	墨汁臭味
泡水状况	淡黄色或淡褐色	水呈黑色

2. 掺水的鉴别

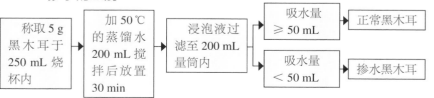

称取5 g黑木耳于250 mL烧杯内 → 加50℃的蒸馏水200 mL搅拌后放置30 min → 浸泡液过滤至200 mL量筒内 → 吸水量≥50 mL → 正常黑木耳；吸水量<50 mL → 掺水黑木耳

结果判定：吸水量 ≥ 50 mL 可判断为正常黑木耳，吸水量 < 50 mL 可判断为掺水黑木耳。

3. 掺入酸碱物的鉴别

◎试纸法检验

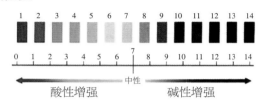

pH 试纸标准卡

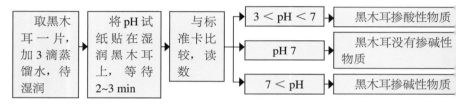

结果判定：读数，3 < pH < 7，可判断黑木耳掺有酸性物质；pH 为 7，可判断黑木耳没有掺假；7 < pH，可判断黑木耳掺碱性物质。

◎ pH 计检验

结果判定：pH 计读数在 5.5~6.8 范围内，可判断为正常黑木耳。

十五、木耳等级鉴别

1. 木耳优品、次品、劣品的鉴别

鉴别项目	优品	次品	劣品
形状	波浪式叶片，肥厚柔软有弹性	朵大而薄	干货成团，水泡成胶质

鉴别项目	优品	次品		劣品
色泽	乌黑有光泽，色深	肉薄色淡		色泽暗淡
声响	声干脆	不响		不响
味道	清淡，无涩、无异味，有清香	甜	掺糖	味苦
		咸	掺盐	
		涩	掺明矾	
		牙碜	掺细土	
		磕牙	掺细沙	
手感	干燥，质轻，易碎	不易碎，湿度大		潮湿分量重
泡发状况	手握不碎，膨胀度大，柔软有弹性	弹性不大，体稍重，膨胀度一般		体重，破碎沾手

优质木耳　　　　　　　　　劣质木耳

2. 几种木耳的鉴别

鉴别项目	普通木耳	毛木耳	黄背木耳
形状	波浪式叶片，肥厚柔软有弹性	大而厚（直径 10~25 cm），背有茸毛（400~500 μm），腹面棕褐色或紫褐色，光滑，胶质	质厚，耳片宽大，短毛介于正常木耳与毛木耳之间，撕开染色的黄背木耳，边缘收边不完整
色泽	面乌黑有光泽，色深，腹面黑褐色或浅棕色	黑褐色或灰色	茶色、浅褐色
口感	清淡，无涩、无异味，有清香	硬像皮革，不易嚼碎	呈革质，像海带，耐嚼

3. 黑木耳分类鉴别

鉴别项目	优质黑木耳	次质黑木耳	劣质黑木耳
色泽	耳面有光亮感，黑褐色，耳背暗灰色	耳面有光亮感，黑褐色，耳背暗灰色	黑褐色、浅棕色或灰色
形状	朵片完整，直径大于 2 cm，耳片厚度大于 1 mm，朵大均匀，耳瓣舒展稍卷曲，体轻，吸水膨胀大	朵片基本完整，直径大于 1 cm 的筛眼，耳片厚度大于 0.7 mm，朵形中等，耳瓣略有卷曲，质稍重，吸水膨胀一般	朵片小状成碎片，直径大于 0.4 cm 的筛眼，耳片厚度小于 0.7 mm，朵形小碎，耳瓣卷曲，肉质较厚或僵块，质量较重
混杂要求	不混有拳耳、流耳、流失耳、虫蛀耳、霉烂耳	不混有拳耳、流耳、流失耳、虫蛀耳、霉烂耳	拳耳不得超过 1%，流耳不得超过 0.5%，不得混有流失耳、虫蛀耳、霉烂耳
杂质含量	杂质含量小于 0.3%	杂质含量小于 0.5%	杂质含量小于 1%
干度	干而脆	发艮扎手	—
品味	清淡无味	有咸、甜等异味或细沙	有咸、甜等异味，或有细沙

第二节 银耳掺伪鉴别

一、银耳的鉴别

1. 感官鉴别

级别	色泽	形体	质地	泡发状况
一级品	色泽鲜白带黄，有光泽	朵大体轻疏松	肉质肥厚，坚韧有弹性，蒂头无耳脚，无杂质，无黑点	膨胀率达15倍以上
二级品	色白带米色，有光泽	朵大体松	肉质较厚，有弹性，小朵不应超过10%	膨胀率达12倍以上
三级品	色白带米黄	朵完整	肉质略薄，小朵不应超过20%~25%，蒂头有耳脚，无僵块，无杂质	膨胀率达10倍以上
四级品	耳片米黄或微黄	朵形大小不一，但尚完整	肉质较薄，蒂头有耳脚，略带僵块，略有斑点	膨胀率8倍以上
等外品	耳片色黄或焦黄，不鲜亮	朵形不一	僵结不疏松，蒂头不干净，有黑点及水渍样斑点，有烂耳、杂质等	膨胀率低

2. 化学鉴别

◎ 银耳中二氧化硫的检验

a. 测试管法

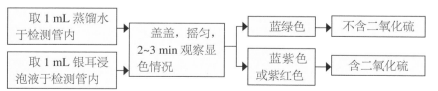

结果判定：以白纸或白瓷板衬底，检测管呈蓝绿色，可判断银耳

浸泡液不含二氧化硫；检测管显蓝紫色或紫红色，可判断银耳浸泡液含二氧化硫。

　　另：参照标准比色板可进行半定量判定，检测范围：液体样品为 0~20 mg/L，固体样品为 0~400 mg/kg。

二氧化硫检测管							
液体样品中含量（mg/L） 0	0.25	0.5	1	2.5	5	10	20
固体样品中含量（mg/kg） 0	5	10	20	50	100	200	400

二氧化硫测试标准比色板

b．速测盒法

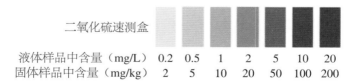

二氧化硫测试盒

　　结果判定：离心管显紫红色，可判断银耳浸泡液中含有二氧化硫，且颜色越深表示二氧化硫浓度越高。

　　注：对照标准比色板可进行半定量判定。检测范围：液体样品为 0~20 mg/L，固体样品为 0~200 mg/kg。

二氧化硫速测盒						
液体样品中含量（mg/L） 0.2	0.5	1	2	5	10	20
固体样品中含量（mg/kg） 2	5	10	20	50	100	200

二氧化硫测试标准比色板

硫黄熏蒸的白色银耳 正常银耳

◎银耳中亚硫酸盐的检验

银耳水浸泡液的准备：取 1 g 均匀剪碎银耳，加入蒸馏水定容至 50 mL，添加 1 mL 提取液，振荡 10 min 后过滤，滤液待用。

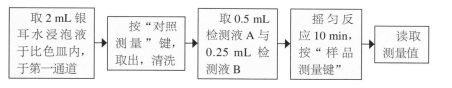

| 取 2 mL 银耳水浸泡液于比色皿内，于第一通道 | → | 按"对照测量"键，取出，清洗 | → | 取 0.5 mL 检测液 A 与 0.25 mL 检测液 B | → | 摇匀反应 10 min，按"样品测量键" | → | 读取测量值 |

结果判定：在仪器所读取的测定值即为银耳水浸泡液中所含亚硫酸盐的浓度值。

注：最低检测限为 2 mg/kg，线性范围为 2~1 200 mg/kg。

◎银耳中甲醛的检验

甲醛速测管法

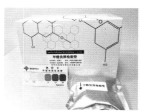

甲醛测试盒

银耳水浸泡液的准备：取 1 g 均匀剪碎银耳，加入蒸馏水定容至 10 mL，振摇 20 次后放置 5 min 过滤，滤液待用。

左侧竖排文字：

天天快检——食用农产品掺伪鉴别手册

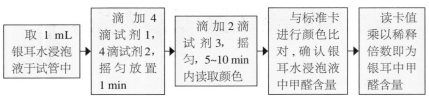

| 取 1 mL 银耳水浸泡液于试管中 | → | 滴加 4 滴试剂 1，4 滴试剂 2，摇匀放置 1 min | → | 滴加 2 滴试剂 3，摇匀，5~10 min 内读取颜色 | → | 与标准卡进行颜色比对，确认银耳水浸泡液中甲醛含量 | → | 读卡值乘以稀释倍数即为银耳中甲醛含量 |

结果判定：与标准卡比对读取浸泡液中甲醛含量，读卡值乘以稀释倍数即为银耳中甲醛含量。

注：若银耳水浸泡液颜色超出色板标示的含量范围，可将银耳水浸泡液用蒸馏水稀释后再重新测定，比色结果再乘以稀释倍数即可。检出限为 0.25 mg/L。

银耳的掺伪物质有食盐、硫酸镁、糖、明矾等，鉴别实验可以参考前述黑木耳该项目的鉴别实验。

二、丑耳的鉴别

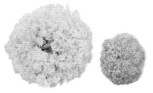

丑耳也名金耳、小银耳或黄金耳，是银耳中优良品种。

银耳（左）与丑耳（右）

1. 感官鉴别

品种	形	色	口感	发胀率	加工程序
丑耳	紧密，小巧	黄色	黏糯，香滑	膨胀率比银耳小	直接烘干
银耳	朵大，体轻，疏松	色泽鲜白带黄，有光泽	香滑	膨胀率达 15 倍以上	水泡清洗，烘干

2. 化学鉴别

掺伪物质有甲醛、食盐、硫酸镁、糖、明矾等，鉴别实验可以参考上述木耳或银耳该项目的鉴别实验。

162

第三节　蘑菇掺伪鉴别

一、蘑菇的鉴别

香菇、花菇、厚菇、平菇与毒菇

鉴别项目	香菇	花菇	厚菇	平菇	毒菇
外形	体形圆正，菌伞肥厚	伞面有似菊花一样的白色裂纹	肉厚质嫩，伞顶面无花纹	片大，平顶，菌伞较厚	外观丑陋，肉质肥厚而软
质地	菌柄坚硬，质干不碎，捏放开后菌伞可膨松恢复	菌伞厚实，边缘下卷	朵稍大，边缘破裂较多	伞面边缘完整，破裂口较少，菌柄较短	皮干滑并带丝光，皮容易剥脱，伤口处有乳汁，很快变色，伞盖上和菇柄上有斑点，有黏液状物质附着，手接触有滑腻感
颜色	黄褐色	有光泽，黄褐色	褐色	浅褐色	白色、棕黑色或颜色鲜艳
气味	有香气	香气浓郁	有香气	有香气，较淡	腥臭味
其他	无霉变、焦片和碎屑	无霉变、焦片和碎屑	无霉变和碎屑	无霉变和碎屑	—

二、蘑菇掺杂的鉴别

　　蘑菇的掺伪物质通常有食盐、硫酸钠、糖、淀粉等，鉴别方法可以参考前述黑木耳相应项目的鉴别。

第八章
中药材掺伪鉴别

第一节　高价中药材掺伪鉴别

一、冬虫夏草掺伪鉴别

由于冬虫夏草的药食价值极高与产量稀少，市场上不法分子为了牟取非法利润，利用与其相似的凉山虫草、地蚕和分枝虫草等冒充冬虫夏草，欺骗广大消费者。因此，在购买冬虫夏草时可以通过表观形态来鉴别。

1. 其他虫草的形态特征

（1）亚香棒虫草。又称霍克斯虫草。子座单生，由寄主前端发出，长 6~8 cm，粗 2 mm，柄多弯曲，黑色，有棱纹，上部光滑，下部有细毛，顶端圆，长 12 mm，粗 3.5 mm，茶褐色，子囊壳埋生于子囊座内，椭圆形至卵形。除了颜色比野生冬虫夏草发白，中部四足不太突出外，其他外表特征与冬虫夏草基本相同。

亚香棒虫草（左）与正品虫草（右）对比

（2）古尼虫草。古尼虫草的子座头部膨大且分支，虫体表面为类白色，且具有多数暗红色圆形小斑点，有鱼腥味。

古尼虫草（左）与正品虫草（右）对比

（3）凉山虫草。凉山虫草的虫体粗短，表面棕黑色，环纹众多，被锈色绒毛，子座长，大大超过虫体，可达 30 cm，分枝细而曲折，虫体呈现柱形或棒状，足不明显。

凉山虫草（左）与正品虫草（右）对比

（4）白冬虫夏草。白冬虫夏草因为其外形与冬虫夏草有些相似，被人们称为白冬虫夏草或土虫草。白冬虫夏草呈现淡黄色或灰黑色，只有根痕环节 2~11 个，质脆，断面类白色，浸泡易膨胀，呈现结节状。

白冬虫夏草（左）与正品虫草（右）对比

（5）新疆虫草。又称为无尾锈红色虫草。虫体颜色暗红、紫红或

锈红，腹部 4 对足较为明显，质地较硬，无子座。

新疆虫草（左）与正品虫草（右）对比

2. 感官鉴别

观察法	正品冬虫夏草	伪品冬虫夏草
看	外表面棕黄色或土黄色，背部环节明显，共 20~30 条环纹，腹部有足 8 对，头部有足 3 对，胸部有足 4 对，尾部有足 1 对，以中部 4 对最为明显	一般外表面橘红色，背部有环节 20 条，环纹粗细一致，整齐呆板腹部有足 8 对，尾部足单列
闻	虫体和尾通体油润，有股酥油香味，尤其是西藏冬虫夏草，其他产地冬虫夏草味淡，有的含有草味	气弱，无香味，一般为淀粉与百合科植物黄花菜的干燥变色花蕾组合压制品
折	质轻而脆，折断面平坦，粉红色，略黄，子座单枝，由头部口中长出，呈现细柱状，放大镜下可见密布疣状突起，质柔韧，折断面纤维性	质坚硬，略显角质样，黄白色，口感粘牙

3. 实验鉴别

鉴别方法	真冬虫夏草	假冬虫夏草 / 掺杂冬虫夏草
水试法：用热水浸泡	虫体膨大而软，菌座色加重成为黑褐色，虫体和菌座紧相连，不脱落，用刀切开看头部长草的部位是自然从体内生长的，子座自体内长出，类淡白色，浸液有草菇香味	从头部插入植物草棒，或用强力胶水黏合或直接黏合于头部，水浸液有腥味；水中浸泡，黏了胶的虫草遇到水会断裂
火试法：用火烧	海拔 3 900 m 以上的优质产品会发出香菇味，略带腥味；海拔 3 900 m 以下的虫草有淡淡的香菇味，腥味重	发出焦煳味

（续表）

鉴别方法	真冬虫夏草	假冬虫夏草/掺杂冬虫夏草
手试法： 用手捏或搓	有柔软舒适感觉	掺水品手感软，潮湿；中间掺铁、竹签品，手捏有硬的感觉；掺糖的冬虫夏草手感发黏。假冬虫夏草手搓发硬或脱落杂质等

二、燕窝掺伪鉴别

1. 燕窝的分类

　　燕窝根据颜色分为白燕窝、黄燕窝和红燕窝（俗称血燕窝），其中白燕窝是市场比较常见的产品；按燕窝的品质来分，可分为官燕（又称屋燕）、毛燕和草燕；按燕窝的外观形状来分，可分为燕盏、燕角、燕饼等。

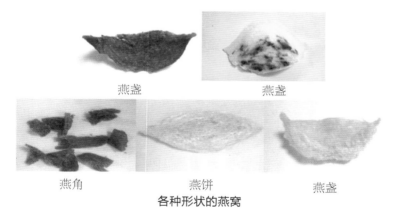

燕盏　　　　　燕盏

燕角　　　　　燕饼　　　　　燕盏

各种形状的燕窝

2. 鉴别方法

◎感官鉴别

鉴别项目	真燕窝特征
颜色	血燕呈现微红、红、红棕以及深红等色，白燕呈现白色或黄白色
长宽厚	长 5~10 cm，宽 3~5 cm，厚约 1 cm

（续表）

鉴别项目	真燕窝特征
内面	内侧凹陷呈兜状，内面粗糙底部及两侧呈丝瓜络样
外面	外侧面隆起，略显横向条纹，质硬而脆
气味	气微腥，味微咸，嚼之有黏滑感且有弹性
泡水状况	用水浸润呈银白色，晶亮透明，体柔软有弹性，拉扯有伸缩反应
显微镜观察	半透明，分布着较为均匀的细小纹理

不同伪品具有不同的特点，如下表：

伪品本质	特点
银耳和鸡蛋清	呈散碎片状，表面黄白色或淡黄色，略透明，浸泡后稍微膨胀，煮熟后呈现蛋白样物质
淀粉	呈长条形或不规则块状，黄白色或淡黄色，外侧面粗糙，内侧网络状，水浸泡或稍微膨胀，无弹性，水煮糊状
肉皮和鸡蛋清	呈块状或半球形，表面黄色或淡黄色，稍见光泽，水浸泡后似海绵状，煮后有焦臭味
琼脂	呈块状，外面黄白色或黄色，透明具有光泽，水浸泡后呈碎片状，不膨胀

a. 银耳；b. 淀粉；c. 肉皮；d. 琼脂；e. 鸡蛋清

常见假冒燕窝制备原料

◎物理鉴别

鉴别项目	真燕窝	掺杂或伪品燕窝
重量	一般燕窝单盏重量为3.4~8 g，极少数燕窝的单盏重量超过 8 g	单盏燕窝，重量超过 8 g，则有可能是掺杂或是伪品
泡水状况	水溶液既无油渍也无黏液，保持澄清状态	水面上有油状物漂浮，水溶液色白而混浊或有黏液
气味	几乎没有味道	可闻到油炸气味或化学药水气味
煮后味道	有淡淡的蛋白腥味且口感滑嫩	未煮时可嗅到强烈的蛋白腥味，但煮后却没有淡淡的蛋白腥味
煮后颜色	呈淡乳黄色，不会太白且呈半透明	煮后颜色白灰，对光照不透明
煮后膨胀体积	8~12 倍	1~2 倍或几十倍

◎理化鉴定

方法一：

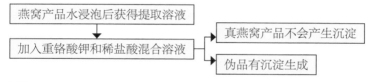

燕窝产品水浸泡后获得提取溶液

加入重铬酸钾和稀盐酸混合溶液 → 真燕窝产品不会产生沉淀

→ 伪品有沉淀生成

方法二：

将燕窝样品加入稀盐酸煮沸 → 真品会呈现棕黄色或棕黑色

→ 伪品不会变棕黑色

三、人参掺伪鉴别

1. 人参的一般性状特征

主根纺锤形或圆柱形。

芦头：人参上部的根茎，多是拘挛而弯曲。

芦碗：根茎上有凹陷的茎根，一年生一个。

芋：芦头上具有的不定根。

参腿：人参下部的支根，一般有 2~3 条。

珍珠疙瘩（珍珠点）：参腿上长着的细长的须根，须根上常有不明显的细长的疣状突起。

2．人参和伪品的性状鉴别

在市面上，不良商家常用土人参、紫茉莉、商陆、野豇豆和桔梗等植物来冒充人参，然而人参与其伪品在性状上有明显的区别，我们可以从以下几个方面来鉴别人参及其伪品：

异同点	人参	土人参（栌兰）	紫茉莉	商陆	野豇豆	桔梗
有无根茎（芦头）	有	无	无	无	无	有
须茎上有无点状突起（珍珠点）	有	无	无	无	无	有
特点	有特别的香味，味微甘	味淡有黏滑感	味淡，有刺喉感	断面有同心环纹，味稍甜后苦，久嚼舌麻	有豆腥味	味稍甜后苦

3．野山参和园参的性状鉴别

野山参是在自然环境中野生的人参，生长年限较长，一般年限几十年，甚至上百年；园参则是人工种植的，培育时间较短，故价格较为便宜。

种类	芦头	芦碗	皮	参体	主根横纹	珍珠点	须根
野山参	长	密	老皮，黄褐色，质地紧密有光泽	似人形	细、深、黄褐色，在毛根上端肩膀头处，有细密而深的螺丝状横纹	多而明显	长条须，老而韧，清疏而长，其上缀有"珍珠点"，根顺理且直
园参	短	少	皮嫩而白	圆柱形，粗壮	粗、浅、白色，横纹粗糙浮浅而不连贯	不明显	色白而嫩脆（俗称水须），呈扫帚状

第二节 平价中药材掺伪鉴别

一、桂圆掺伪鉴别

市面上的桂圆可以通过以下几方面来区分优劣：

鉴别项目	优质桂圆	劣质桂圆
果体	外壳完整平滑，果体饱满，圆润，壳面黄褐色，干燥，硬脆，手捏易碎	壳面很不平整，颜色不均匀，潮湿，手捏变瘪但不易碎，有些外壳可能用黄色粉末涂抹，手指甲轻刮即掉，或是已经发生霉变，外壳有白色霉点
肉质	肉质厚实，色泽红亮，有细微皱纹，透明，最好的是果柄部分还有一圈红色肉头（俗称"红顶绿肉"）	肉薄，表面无皱纹，不透明
滚动	把桂圆放在平整的桌面上，用手轻推，不易滚动	把桂圆放在平整的桌面上，用手轻推，易滚动
口感	味甜，清香，软糯，无渣	甜味不足或微带苦味，硬韧，有渣；若味带干苦，则有可能是烘焙过度或是陈年旧货
剥	肉核易分离，肉质较润不粘手	肉核不易分离，肉质干硬

二、阿胶掺伪鉴别

1. 感官鉴别

常见的阿胶伪品有以下几种，可以从性状来鉴别真假阿胶。

鉴别项目	真品阿胶	伪品				
		多种动物的皮熬成的胶块	骨胶类	明胶类	杂皮胶皮革/废皮	牛皮胶（黄明胶）
颜色	黑褐色，黑如漆，光如琥珀	黑褐色	棕黄色	棕红色或黑色	土棕色	深褐色

（续表）

鉴别项目	真品阿胶	伪品				
		多种动物的皮熬成的胶块	骨胶类	明胶类	杂皮胶皮革／废皮	牛皮胶（黄明胶）
质感	硬而脆，易碎	硬韧，不易碎	硬韧，不易碎，表面有气泡所致的小孔洞	质硬而脆，折时先弹性弯曲再折断	软而不易碎	硬而不易碎
断面	有光泽	无光泽	无光泽	有光泽	无光泽	有光泽
气味	有微微的腥味	有腥臭味	有微微的臭味	有墨汁样臭味	有异臭	灼烧有强烈浊臭味
口感	微带腥味，口尝无异物感	带腥味，口尝无异物感	咸涩刺舌，有砂粒状异物感	味淡，口尝无异物感	咸涩，有砂粒状异物感	味微甘咸，口尝无异物感

2. 实验鉴别

◎水试实验

阿胶和不同的伪品，水试会有不同的现象，具体如下表。

浓度	阿胶	伪品				
		多种动物的皮熬成的胶块	骨胶类	明胶类	杂皮胶皮革／废皮	牛皮胶（黄明胶）
10%的水溶液	澄清透明，清而不浊，在5~10℃以下放置也不凝固	混浊，温度降至不到10℃即凝固	澄清透明	澄清透明	混浊，有白色泡沫	澄清透明

◎火试实验

取少量真阿胶，在坩埚内灼烧，刚开始时会迸裂，然后膨胀，融化后会冒白烟，有浓烈的麻油香气，灰化后残渣是灰色的，呈疏松的片状、棉絮状或是团状，不会和坩埚粘连。伪品阿胶灼烧后会产生浓烈的浊臭味或豆油味。

三、枸杞掺伪鉴别

可以通过下面几个方面就来辨别枸杞的优劣:

鉴别项目	优质枸杞	劣质枸杞
颜色	鲜红色或紫红色,颜色柔和,有光泽	颜色过于亮红诱人,有可能是用过色素,无光泽
形状	颗粒大,长扁形,肉质饱满	颗粒小,短圆形,肉质较差
尖端蒂处颜色	白色或黄色	红色或褐色
口感	淡淡的甜味,无苦涩异味	酸、涩或有异味,闻起来有刺鼻的味道,有可能是用硫黄熏过;若是尝起来甜到发腻,则可能是添加了过量的糖
抓一小把在手里轻轻一捏和捂一下	不会结块,容易散开,干燥,而且闻起来没有刺激性气味	容易成团,不易散开,或是手上会沾有颜色,说明潮湿或是用过色素;若是闻起来有呛鼻的刺激性气味,则是用硫黄熏过的
泡水状况	大多浮在水面上,不易下沉,水的颜色是浅黄色	很快就沉到水底,水的颜色是深黄色

优质枸杞

染过色素的枸杞

四、莲子掺伪鉴别

1. 感官鉴别

市面上的莲子有优劣之分,有些不法商

家为了增重，会用水泡过莲子，有些商家为了莲子的外形好看，会用药水泡过。下面我们就从以下几方面来鉴别莲子的好坏：

鉴别项目	优质莲子	劣质莲子
颜色	米白色或米黄色、白中带黄，发芽处为深褐色，莲子会有一点自然的皱皮或红皮	药水泡过的莲子，在同一批里，每颗莲子都是很均匀的亮白色；刀痕处会有膨胀的，则很有可能是化学去皮的
莲孔	比较小的	用药水泡过的莲子孔比较大
手感	纹理明显，摸一下莲子，会有莲子末留在手上	用化学药水浸泡过的莲子，由于处理得太干净了，整体是比较光滑平整，无纹理，用手摸完莲子之后更不会有莲子末留在手上
听感	把莲子一把抓起来用手揉揉，要是晒得很干的莲子，则会有啦啦的响声，很清脆，很响	泡过水的莲子或晒不干的莲子，那揉起来的声音听起来是钝钝的，响声不清脆
味道	煮过之后闻起来会有清香味，咬起来是粉糯的	怎么都煮不烂，尝起来会有不好的酸味、碱味或其他不愉快的味道

2. 实验鉴别

我们可以通过水泡实验来鉴别熏蒸硫黄的莲子。用温水泡 1~2 h，观察莲子的泡发情况，以及莲心和水的变化，再闻一闻泡发的莲子是否有自然清新的香味。水泡结果总结如下：

类别	泡发情况	莲心颜色	气味
优质莲子	胀大 1.5 倍左右	绿色	清香
熏蒸硫黄莲子	泡发不明显	黑色	无清香气味

往浸泡过莲子的水里加入氯化钡，可以看到浸泡过优质莲子的水没有太大变化，而浸泡过熏蒸硫黄莲子的水中会出现白色絮状物沉淀，那是因为浸泡过熏蒸硫黄莲子的水中会残留有硫酸根离子，与氯化钡溶液反应产生白色混浊甚至沉淀。

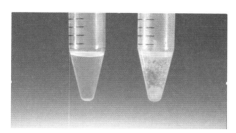

左边是优质莲子，右边是熏蒸硫黄莲子

五、百合掺伪鉴别

百合，鲜食干用均可。购买的时候
要有一定的技巧，才能选购到质量好
的百合。我们可以从以下几个方面来鉴
别百合的优劣：

鉴别项目	优质百合	劣质百合
片张大小	片张大，面均匀，肉质肥厚	片张小，薄
外表颜色	发黄，颜色偏暗，表面干净，无斑点	黄色但带点褐色，如果有锈斑点，片张夹焦则质量更差；如果是发白的，看上去很亮，那很有可能是用硫黄熏制后加工干制的
干燥度	很脆，不压秤，因为晒得很干或烘得很干，水分少，便于保存，不易霉变和长虫	水分大，比较绵软，没有那么干脆，保存不当极容易发霉和长虫
气味	无味	有其他气味，尤其是刺激性气味的，则可能是经过了硫熏或者碱泡
口感	煮过之后口感偏粉，有香糯的味道	尝起来有酸涩的味道，则有可能是存放时间太长了或在干燥的时候用硫黄熏制过

六、山药掺伪鉴别

市场上有很多售卖山药片的，就是将山药切片后晒干而成。但有些不良商家会以木薯片充当山药片，从中获利。我们可以从以下几个方面来辨别真假山药片：

鉴别项目	山药片	木薯片
心线	中间没有心线	中间有心线，因为木薯的中心是有一条梗的，切片晒干后梗掉出来了，所以会在中心有个小洞，就是所谓的"心线"
边缘	边缘比较干净，因为山药皮薄，容易削干净	边缘留有削剩的棕色的皮，因为木薯皮厚，不好削
手感	感觉比较细腻，会有较多的淀粉粘在手上	木薯片手摸感觉比山药片要粗糙，留在手上的淀粉比较少
蒸煮	容易煮烂，口感粉、烂	很难煮烂，口感比较硬

七、陈皮掺伪鉴别

1. 真假新会陈皮的鉴别

陈皮的产地最出名的是广东省江门市新会区。新会陈皮有其独有的优异品质，价格上也有一定的差异，所以商家一般会把新会陈皮单独售卖，因此，真假新会陈皮的鉴别具有一定的意义。我们可以从以下的几个方面来鉴别新会陈皮：

鉴别项目	真品新会陈皮	假新会陈皮
外形	外皮深褐色，皮瓤薄，有猪鬃纹，纹理清楚，干净鲜明，表面有光泽，看起来有油润感，通常带有疤点	不同产地的陈皮颜色不统一，青色、黄色、红色不等，颜色或深或浅，内囊光滑无脱落感，皱纹不匀；皮过大或过小，外皮、皮瓤厚而粗，表面暗沉，油润感几乎没有
刮表皮现象	用手指甲轻刮陈皮，刮过的地方会有明显的油光	用指甲轻刮后，无油光出现

鉴别项目	真品新会陈皮	假新会陈皮
气味	带有独特、浓郁的自然香味，而且陈皮的存储年份越高，柑果香味会变淡，陈皮香味渐浓	闻起来并没有柑果香味和陈皮香味，或有难闻的异味
咀嚼口感	嚼后满口回甘，并伴有浓郁的柑果香和陈皮香，而且嚼的时候能够明显感到有嚼劲	嚼后口中有浓重的苦涩，咀嚼时口感差，一嚼就碎并且有粉状的感觉
耐泡度	将一块陈皮放入一升水的壶中煲滚，煮的时候能够清晰闻到柑香；汤水甘甜无苦，连续煲十多壶水后，柑香依然	将一块陈皮，放入一升水的壶中煲滚，只有很淡的柑香味，煲两三壶水后，汤中陈皮味已经很淡

2. 陈皮的年份鉴别

"陈者良久"说的就是陈皮越陈越好，那是因为陈皮随着存放时间的延长，其燥烈之性随之消除，气味越陈，所以年份越高的陈皮价格更为昂贵。有些不良商家会对年份低的陈皮用茶水浸泡烘染，使其颜色变得更深更黑，用以充当高年份的陈皮，然而，年份高低对陈皮的影响不只是外观，我们还可以从以下几个方面来鉴别：

鉴别项目	年份高	年份短
外皮颜色	呈棕褐色甚至黑色	颜色呈鲜红色或暗红色，或者焦黑色
气味	陈香醇厚，有老药材的味道	带刺鼻香气，有糖酸味和柑果香味
质地	轻，皮身的手感硬，容易碎裂	皮身较为软
刮表皮现象	用手指甲轻刮陈皮，刮过的地方油光略少	用手指甲轻刮陈皮，刮过的地方油光稍多
口感	甘香，醇，陈	微微苦涩，有点酸味
泡水后茶色	呈黄红色（甚至红色），茶色金黄通透	呈青黄色，甚至青色

八、乌梅掺伪鉴别

乌梅药食兼用价值高，其伪品常见是以杏、李和桃经烘焙干燥制成，只要掌握正品乌梅的鉴别要点，就能区分真伪而购买到真正的乌梅。

1. 感官鉴别

鉴别乌梅的真假，我们最简单的是通过表面特征和味道等性状去鉴别。

鉴别项目	乌梅	杏	李	桃
颜色	乌黑色或棕黑色	灰棕色至棕黑色	黑褐色或紫褐色	灰棕色至灰黑色
表面特征	类球形或扁球形，皱缩不平，有细毛茸，一端有明显的圆脐，果肉质柔软，可剥离	类圆形或扁圆形，表面皱缩不平有毛茸，果肉质硬而薄，不易剥离	类椭圆形，果肉薄而皱缩不平且紧贴核上，无毛茸	类椭圆形，表面皱缩可见毛茸，果肉和果核易于分离
果核	椭圆形，棕黄色，表面有众多的凹点及网状纹理	黄棕色或棕黑色，扁球形，表面光滑边缘厚，沿腹缝线有深沟	淡棕色，椭圆形而坚硬，表面较为光滑	黄棕色，表面有众多麻点，其边缘为沟状
种子	淡黄色，卵圆形种子1粒	扁球形，黄棕色或淡棕色种子1粒	长卵圆形，淡棕色或黄棕色种子1粒	—
味道	味极酸，还有一股烟熏味	酸味弱或带涩味	味酸涩	味酸苦

2. 实验鉴别

分别取乌梅、杏、李、桃的干燥果肉 5 g，研细，分取粉末 1~3 g，加乙醇 20 mL，研磨提取，过滤，滤液供下列实验：

实验一：

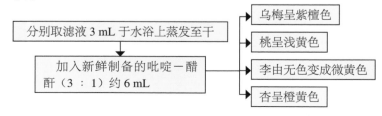

实验二：

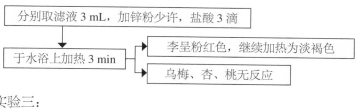

分别取滤液 3 mL，加锌粉少许，盐酸 3 滴

↓

于水浴上加热 3 min ──→ 李呈粉红色，继续加热为淡褐色

──→ 乌梅、杏、桃无反应

实验三：

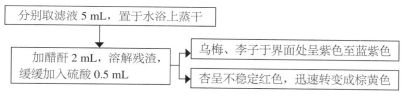

分别取滤液 5 mL，置于水浴上蒸干

↓

加醋酐 2 mL，溶解残渣，缓缓加入硫酸 0.5 mL ──→ 乌梅、李子于界面处呈紫色至蓝紫色

──→ 杏呈不稳定红色，迅速转变成棕黄色

九、金银花掺伪鉴别

金银花的药用价值较高，所以市场上的价格也不低，而且金银花晒干之后较轻，导致很多不法商家通过加入各种其他物质来增重，金银花的掺假现象也很多，懂得区分掺假的金银花很重

优质金银花（左）和劣质金银花（右）对比

要。下面我们来介绍金银花的优劣和鉴别掺假金银花的方法。

1. 优劣鉴别

鉴别项目	优质金银花	劣质金银花
颜色	多为黄白色或绿白色	鲜绿色或白色
花蕾	花蕾呈棒状，上粗下细，略弯曲	有嫩蕾或开过的花过多
花体	表面密被短柔毛，蓬松、舒展、自然，用手轻轻去握，握之顶手、有弹性者为佳	花体僵硬、呆板，不自然，手握易碎、无弹性

（续表）

鉴别项目	优质金银花	劣质金银花
气味	气清香，味微苦	有刺激性气味，可能是被硫黄熏蒸过的

2. 掺假鉴别

掺假原料	正品金银花	掺假金银花
糖或盐	手握感觉干爽，把金银花放入温水中浸泡，尝起来有清香的甜味	用手握，手感较湿润。把金银花放入温水中浸泡，掺了糖的金银花尝起来是过分的甜，不是清甜；掺了盐的金银花尝起来则是咸的
玉米面及其他淀粉	密被短柔毛，用手插入药材中搅拌，手上无附物，质软，略带韧性	用手插入药材中搅拌，手上会附着白色或淡黄色的粉状物，用手握之松开后，手上黏附有细粉状物，花质稍硬；将样品用清水清洗，水会被染色或变混浊，静置后，在容器底部会有一些淀粉沉淀，水中加稀碘液显蓝色反应
明矾、滑石粉及白沙土	黄白色或绿白色；用热水泡，花色应变淡	用滑石粉及白沙土处理后的金银花颜色比较发白，表面明显有白霜似的物质。掺明矾水的金银花显绿色，绿得犹如染色一样；用热水泡，只有掺明矾的颜色更绿，掺滑石粉及白沙土的水杯底会有大量白色沉淀

十、酸枣仁掺伪鉴别

酸枣仁受产量的限制，几年来价格涨幅很大，因此市场上有用理枣仁、枳椇子冒充酸枣仁的情况。可以从以下几个方面来区分鉴别：

鉴别项目	酸枣仁	理枣仁	枳椇子
形状	扁圆形或扁椭圆形	扁球形或扁椭圆形	扁圆形
长、宽、厚	长 5~9 mm，宽 5~7 mm，厚约 3 mm	长 4~8 mm，宽 4~6 mm，厚 1~3 mm	长 4~8 mm，宽 1.5~2.5 mm，厚 1.5~2.5 mm
颜色	紫红色或紫褐色，平滑有光泽	红棕色或黄棕色，有的具淡黄棕色斑点状花纹，有光泽	棕红色、棕黑色或绿棕色，有光泽

（续表）

鉴别项目	酸枣仁	理枣仁	枳椇子
表面特征	有的有裂纹，有的两面均呈圆隆状突起。有的一面较平坦，中间有一条隆起的纵浅纹；另一面稍突起，一端凹陷，可见线形种脐，另一端有细小突起的合点	腹面平坦，边缘隆起，中间具 1 mm 宽的纵棱，另一面隆起	表面平滑或可见散在的小凹点，顶端有微凹的合点，基部凹陷处有点状种脐，背面稍隆起，腹面有一条纵行隆起的种脊
气、味	气微，味淡	味酸，带油腻性	气微，味微涩

酸枣仁正品个体大，长宽不等，颜色紫红或紫褐，发亮；而理枣仁、枳椇子个体小，长宽接近相等，颜色和酸枣仁差异大。这都是鉴别的主要特征。大枣的种子在外形上与酸枣仁相似，个子较大，是酸

理枣仁　　　　酸枣仁

枣仁的 1.5~2 倍，表面纵纹较多，这是最大的差别，选购时只要留心是不易出差错的。

十一、杏仁掺伪鉴别

杏仁分为甜杏仁及苦杏仁两种。中国南方产的杏仁属于甜杏仁，多用于食用；北方产的杏仁则属于苦杏仁，多作药用。

1. 甜杏仁和苦杏仁的鉴别

下面我们从以下几个方面来区分甜杏仁和苦杏仁：

鉴别项目	甜杏仁	苦杏仁
形状	较大，尖端略歪，种仁的皮淡黄色，皮上的纹路比较粗，饱满圆润像桃形	较小，种仁的皮深黄色，上面的纹路比较细，饱满度差一些
味道	丝丝甜味	苦味
用法	零食，做菜，日常食用	中药，做杏仁露

2. 杏仁和巴旦木的鉴别

市面上还有一种果仁和杏仁长得很像，也有很多人分不清，那就是扁桃仁，也叫巴旦木，俗称"美国大杏仁"。巴旦木是不可作为杏仁使用的，我们可以从下面几个方面来区分杏仁和巴旦木：

鉴别项目	杏仁	巴旦木
植物所属	杏的内核	扁桃的内核
形状	扁平卵形，一端圆，另一端尖	扁而长，好似椭圆的形状
个头大小	小	比杏仁大很多
果壳的坚硬程度	果壳较硬，不易剥开	果壳很薄，用指甲就能抠开
表皮颜色	覆有一层褐色的薄皮	果皮呈土黄色
气味	气味芳香、微苦	有特殊的甜香风味

杏仁

巴旦木

3. 选购优质杏仁的技巧

在选购杏仁时，应选颗粒均匀而大、饱满肥厚有光泽、不发油者形状多为鸡心形、扁圆形的，顶端尖、基部圆；杏仁种皮为淡黄棕色自合点处分散出许多深棕色脉纹，形成纵向凹纹，仁肉白净，气微味微甜。另外，杏仁要干燥，捏的时候感觉仁尖有扎手之感，用牙咬松脆有声比较干燥。果仁上有小洞的是虫蛀粒，有白花斑的为霉点不能食用。颜色深化，不同于一般杏仁，并且口感软而不脆的杏仁多属于变质杏仁，营养流失并且伴有更多有毒物质，不能食用。在购买杏仁的时候一定要注意观察外表，判别其是否优质杏仁，如果食用了变质杏仁，容易中毒。

十二、当归掺伪鉴别

1. 优劣鉴别

当归有优劣之分，有些不法商家会用硫黄熏蒸过发霉或是潮湿的当归再投放市场，有些商家会用水浸泡过当归用以增重，我们可以从以下几个方面来鉴别当归的优劣：

鉴别项目	优质当归	劣质当归
表面颜色	黄棕色至棕褐色	亮黄色或绿褐色
切面颜色	黄白色或淡黄棕色	黄棕色或更深颜色
气味	香味浓郁，有一种泥土和药味混杂的味道	闻起来没有药材的味道，或闻到酸味和刺鼻的硫黄味
质地	软软的，有挥发性油脂	硬硬的，没有挥发性油脂

2. 当归和独活的性状鉴别

有一种名叫独活的中药材，外形和当归相似，特别是以饮片形式存在时更难以区分，但价格比当归便宜不少，有些不良商家就用独活冒充当归出售。下面我们就饮片形式对独活和当归通过眼看和口尝进行鉴别。

鉴别项目	当归	独活
组织状态	外皮黄棕色至棕褐色，质柔韧，断面黄白色或淡黄棕色，皮部厚，有棕色点状分泌腔，形成层呈黄棕色环状，木质部色较淡	外皮灰褐色或棕褐色，质较硬，受潮则变软，断面皮部灰白色，可见多数散在的棕色油室，形成层环棕色，木质部黄棕色。
口感	香气浓郁，味甘、辛、微苦	香气特异，味苦辛、微麻舌

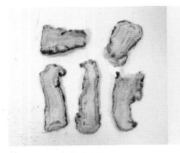

当归饮片   独活饮片

十三、藏红花掺伪鉴别

藏红花属名贵滋补品，价格一般较高，市面上有些不法商家会以假乱真或是往正品里面掺假掺杂，因此需要有一定的鉴别技巧。我们可以从以下几个方面来鉴别：

鉴别项目	真品藏红花	伪品藏红花
外形	身长，色暗红，无油润光泽，黄色花柱小，花形喇叭状	短小，亮红色，有油润光泽，花形笔直或是弯曲不齐，则有可能是染色，掺杂了矿物油或植物油，又或是用萝卜切成的丝染色而成的
质地	干燥后质脆，易断	很柔软，不易折断，容易结成团，很有可能是掺了水
气味	有浓郁的花香味	味道很淡甚至闻不到
把藏红花放到塑料袋里晃一晃	会有黄色的花粉粘在塑料袋上，薄薄的一层浅黄色，很容易辨认	没有花粉粘在塑料袋上
泡水状况	可见藏红花周围有橙黄色向下慢慢扩散，水染成亮亮的浅黄色，没有粉状沉淀，水面无油状漂浮物，而且花不褪色；从水中拿起泡过的藏红花几根，轻轻用手一捏，花是金黄色的，不容易碎	在很短时间内水变成橘红色，花变成褐色、白色或其他颜色，从水中拿起泡过的藏红花几根，轻轻用手一捏，花无任何颜色，烂成一团

真品藏红花（左）和伪品藏红花（右）对比

十四、三七掺伪鉴别

1. 鉴别优劣三七

三七以质量重、体表光滑、质坚硬、断面灰绿色或黄绿色为佳。三七的头数是指每 500 g 三七的个数，头数越少，价格越高。所谓"铜皮铁骨狮子头菊花心"，这句俗语可以很好地鉴别三七的优劣。

鉴别项目	三七特征
铜皮	外皮的颜色以灰黄色或灰褐色为佳
铁骨	质地坚硬，难以折断，将晒干的三七砸在地上，不会断开，并且能听到清脆的响声，证明干度够，便于贮存
狮子头	顶端及周围的瘤状突起物
菊花心	断面的放射状纹理，最好是呈现灰绿色、灰白色或黄绿色的纹理

菊花心　铁骨　狮子头　铜皮

2. 鉴别真假三七粉

鉴别项目	真品三七粉	伪品三七粉
颜色、状态	接近灰黄色，粉末细腻，含有杂质少	黄色，黄中泛白或泛绿，质感粗糙，含有杂质多，有些还有结块成团的现象
泡水状况	很快出现很多泡沫，静置后分为两层，溶液颜色较浅，上层澄清无杂质，下层用筷子搅拌容易搅动	泡沫少，不容易溶解，溶液混浊，静置后，溶液颜色偏深，表面有漂浮物，有沉淀，时间久了用筷子搅拌时底部很难搅动，有可能会出现结块现象
口感	入口时极苦，不过很快就变甘甜，苦味在嘴里停留的时间不长，这就是常说的"到口不到喉"	有些会有一股辣辣的味道，有些劣品苦味会较重，而且苦味在嘴里停留的时间比较长
溶血现象（往少量新鲜的猪血里加三七粉）	猪血化为水状，真品三七粉所含有的皂苷有溶血作用	没有什么太大的反应，没有溶血现象

真品三七粉（左）和劣品三七粉（右）泡水对比

劣品，把三七粉加进猪血，
没有出现溶血现象

真品，把三七粉加进猪血，
出现了溶血现象

第九章
食用油掺伪鉴别

第一节　食用油掺伪鉴别

一、掺入盐水的鉴别

1. 感官鉴别

鉴别项目	操作步骤	观察要点	判断
颜色	将食用油倒入一个干净的杯子内，观察	色泽变淡	掺盐水
透明度	将食用油倒入一个干净的锅内煮沸，观察	淡薄明亮	
口感	将食用油倒入一个干净的杯子内，品尝	有咸味感	
热测	将食用油倒入一个干净的锅内加热	发出叭叭声	

2. 化学鉴别

◎沉淀滴定法

结果判定： 可根据滴定值确定掺入盐水量。

二、掺入米汤的鉴别

1. 感官鉴别

鉴别项目	操作步骤	观察要点	判断
色泽	将食用油倒入一个干净的杯子内，观察	油和米汤分层（夏季），色变浅，失去原色泽	掺米汤

鉴别项目	操作步骤	观察要点	判断
透明度	将食用油倒入一个干净的杯子内，对光观察	折光率增大，透明度差	
气味	将食用油倒入一个干净的杯子内，用鼻子闻	油原有的气味淡薄或消失	掺米汤
热测	将食用油倒入一个干净的锅内加热	发出叭叭声	

2. 化学鉴别

◎ 碘显色反应

碘显色反应现象

结果判定：油样显蓝色反应，可判断食用油掺有米汤。

三、掺入矿物油的鉴别

1. 感官鉴别

鉴别项目	操作步骤	观察要点	判断
颜色	将食用油倒入一个干净的杯子内，观察	比纯食用油深	
口感	将食用油倒入一个干净的杯子内，品尝	有苦涩味	掺矿物油
气味	将食用油倒入一个干净的杯子内，用鼻子闻	原食油的气味淡薄或消失，有矿物油的特有气味	

2．化学鉴别

◎ 皂化法

皂化反应装置

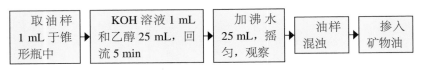

| 取油样 1 mL 于锥形瓶中 | → | KOH 溶液 1 mL 和乙醇 25 mL，回流 5 min | → | 加沸水 25 mL，摇匀，观察 | → | 油样混浊 | → | 掺入矿物油 |

结果判定：溶液混浊，可判断掺入矿物油。

◎荧光反应

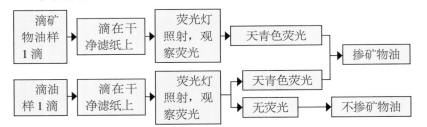

| 滴矿物油样 1 滴 | → | 滴在干净滤纸上 | → | 荧光灯照射，观察荧光 | → | 天青色荧光 | → | 掺矿物油 |
| 滴油样 1 滴 | → | 滴在干净滤纸上 | → | 荧光灯照射，观察荧光 | → | 天青色荧光 / 无荧光 | → | 不掺矿物油 |

结果判定：油样中反射出矿物油一样的荧光，可判断食油中含有矿物油。

◎试剂盒法

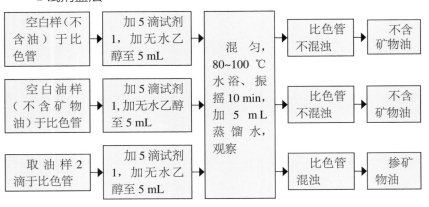

空白样（不含油）于比色管	→	加 5 滴试剂 1，加无水乙醇至 5 mL	→	混匀，80~100 ℃水浴、振摇 10 min，加 5 mL 蒸馏水，观察	→	比色管不混浊	→	不含矿物油
空白油样（不含矿物油）于比色管	→	加 5 滴试剂 1，加无水乙醇至 5 mL	→		比色管不混浊	→	不含矿物油
取油样 2 滴于比色管	→	加 5 滴试剂 1，加无水乙醇至 5 mL	→		比色管混浊	→	掺矿物油

结果判定：比色管发生混浊，可判断油样中掺入矿物油，掺入矿物油浓度越大浊度越大。

注：a. 若油样掺有矿物油时，发生混浊，放置一段时间后析出透明液滴浮于液面，若油样混有硬度较大的水时，也会发生混浊现象，但放置一段时间后产生沉淀。 b. 应随样同做空白实验（不加油样），若空白管出现混浊，可能是添加的无水乙醇有问题，可更换后再进行相关实验。

四、掺入棉籽油的鉴别

1. 感官鉴别

鉴别项目	操作步骤	观察要点	判断
颜色	将食用油倒入一个干净的杯子内	油花泡沫绿色或棕黄色	掺棉籽油
气味	将食用油加热，取些许涂抹于手心，用鼻子闻	有棉籽油气味	

2. 物理鉴别

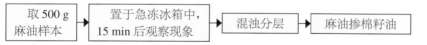

结果判定：油样本出现明显浑浊分层现象，可判断掺有棉籽油。

3. 化学鉴别

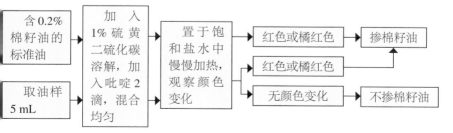

结果判定：试管内液无颜色变化，可判断食用油中不掺棉籽油；

显红色或橘红色，可判断油样中掺有棉籽油。食用油使用此法可检测掺入 0.2% 以上的棉籽油。

五、掺入巴豆油的鉴别

1. 化学鉴别

◎皂化反应

结果判定：试管内两液交界处出现红棕色或棕黑色环，可判断油样掺有巴豆油。

◎试剂盒法

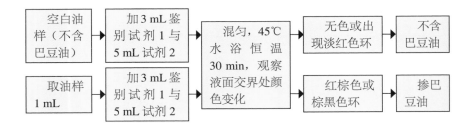

结果判定：与空白油样对照，两液交界面出现红棕色环，可判断油样中掺有巴豆油，当色环颜色由红棕色变为棕黑色时即巴豆油含量增大。

注：棉籽油与豆油使用此法产生淡红色环，与巴豆油产生的红棕色环有区别。

六、掺入桐油的鉴别

化学鉴别

◎亚硝酸法

194

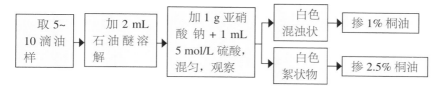

结果判定：试管内液显白色混油，可判断食用油中掺有 1% 桐油；显白色絮状物，可判断食用油中掺有 2.5% 桐油。

◎硫酸法

结果判定：白瓷板上出现血红色凝块，表面起皱收缩，颜色加深，可判断油样掺有桐油。

◎试剂盒法

结果判定：离心管中两层液面交界处显紫红色至深咖啡色的环，可判断油样掺有桐油。

注：本法对花生油、菜籽油与茶籽油掺入桐油检测灵敏度达 0.5%，但豆油与棉籽油对实验有干扰，可进行进一步确证。

七、掺入蓖麻油的鉴别

1. 感官鉴别

鉴别项目	操作步骤	观察要点	判断
组织结构	将油样倒入一洁净试管中，静置一定时间	油自动分成两层，上层为食用油，下层为蓖麻油	油样掺蓖麻油

2. 化学鉴别

◎颜色反应

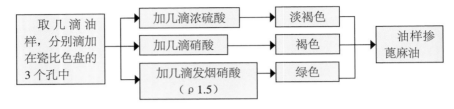

结果判定： 瓷比色盘分别滴加浓硫酸、硝酸与发烟硝酸的孔分别显示淡褐色、褐色与绿色，可判断油样中掺有蓖麻油。

◎乙醇试验法

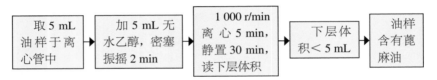

结果判定： 下层体积＜5mL可判断油样中掺入蓖麻油，体积下降越多掺入蓖麻油越多。

注：本法检出量为5%，适用于蓖麻油是否有掺入的情况，也适用于巴豆油的掺入鉴别，巴豆油与无水乙醇可溶解混合，但需要进一步鉴别。

八、掺入青油或亚麻仁油的鉴别

化学鉴别

◎溴试剂沉淀法

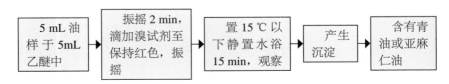

结果判定：试管内产生沉淀，可判断油样掺有青油或亚麻仁油。本法检出量为 2.5%。

九、掺入大麻籽油的鉴别

化学鉴别

◎冰醋酸法

结果判定：试管内液显红色并带绿色荧光，可判断油样掺有大麻籽油。

◎浓盐酸 - 蔗糖法

结果判定：试管内酸层显粉红色，静置后渐变红色，可判断油样中掺入大麻籽油。

◎氢氧化钾法

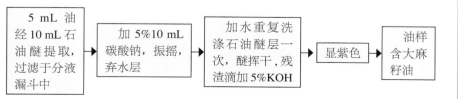

结果判定：残渣滴加 KOH 显紫色，可判断油样中掺入大麻籽油。

◎磷酸法

结果判定：试管内显绿色反应，可判断油样中掺入大麻籽油。

◎试剂盒法

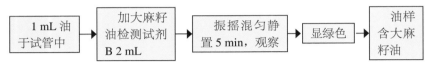

结果判定：观察显绿色反应，可判断油样中掺入大麻籽油。

注：芝麻油对此法有干扰，可进一步确证。

十、掺入合成芥末油的鉴别

化学鉴别

结果判定：试管内立刻产生深黄色沉淀，可判断油样中掺有芥末油。

十一、掺入棕榈油的鉴别

化学鉴别

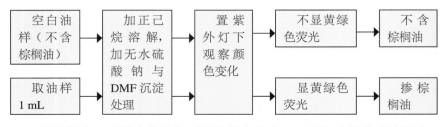

结果判定：油样在紫外灯下显黄绿色荧光，可判断油样掺有棕榈油。

十二、掺入蓖麻籽油的鉴别

化学鉴别

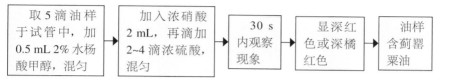

结果判定： 试管内液显深红色或深橘红色，可判断油样中掺有蓖麻籽油。

十三、掺入米糠油的鉴别

化学鉴别

◎氢化苯重氮反应

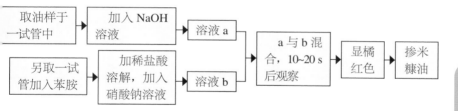

结果判定： 试管内液显橘红色，可判断食用油中掺有米糠油。

◎牢固蓝薄层显色反应

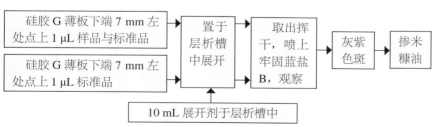

结果判定： 距原点 11~12 mm 处显灰紫色斑，可判断为食用油中掺有米糠油。

第二节　其他食用油掺伪鉴别

一、小磨香油的鉴别

鉴别项目	操作步骤	观察要点	判断
味道	将一滴香油放口中咀嚼	香味独特醇厚、浓郁	香油
		芥子酸味	菜籽油
		棉酚味	棉籽油
		豆腥味	豆油
油花色泽	将油从高处向油容器倾倒，观察油花溅起的颜色	油花金黄色	香油
		油花淡黄色	香油掺入菜籽油
		油花黑色	香油掺入棉籽油
		油花泛白色	香油掺入花生油
冷试	取适量样本置于冰箱内冷藏，降温到 1 ℃时，观察	液态	香油
		有凝固现象	香油掺假
热试	取适量样本置于锅内，加热烧开，观察	溢锅现象	香油掺入棉籽油
		颜色发白	香油掺入猪油
		变清	香油掺入菜籽油

二、芝麻油纯度的鉴别

试剂盒法

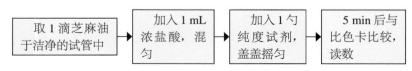

取 1 滴芝麻油于洁净的试管中 → 加入 1 mL 浓盐酸，混匀 → 加入 1 勺纯度试剂，盖盖摇匀 → 5 min 后与比色卡比较，读数

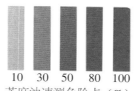

10   30   50   80   100
芝麻油速测色阶卡（%）

纯度标准比色卡

结果判定：可根据读数得出芝麻油样本的纯度。

三、几种油的鉴别

鉴别项目	操作步骤	观察要点	判断
色泽	观其颜色	淡红色或红中带黄色	香油
		黑褐色	棉籽油
		浅黄色带绿色	菜籽油
		较深金黄色，黏稠	花生油
		浅黄色	葵花籽油
		浅黄色带绿色，清亮不黏	山茶油
气味	闻其气味	香味独特醇厚、浓郁	香油
		香气变淡，有花生或豆腥味	香油掺有花生油、豆油或菜籽油
		青草香	菜籽油
		明显花生味	花生油
		葵花籽香味	葵花籽油
		微茶香	山茶油
形态	使用筷子蘸一滴油样在凉水上滴一滴，观察	薄薄的无色大油花，直径约 1cm	香油
		油花较厚重	棉籽油
透明度	试管对着日光观察	清晰透明	香油
		不透明或分层	香油掺水

真香油　　　　　　　　　假香油

四、棉籽油、玉米油、米糠油与芝麻油的鉴别

鉴别项目		棉籽油	玉米油	米糠油	芝麻油
颜色	正常	（精）淡黄色 （粗）黑褐色	淡黄色	浅棕红色	棕红色
	掺假	玉米油、芝麻油与米糠油中掺精棉籽油，油色变浅红或淡红；玉米油、芝麻油与米糠油中掺粗棉籽油，油色呈深褐或暗红			
气味	正常	棉籽味	玉米味	米糠味	芝麻味
	掺假	玉米油、芝麻油与米糠油中掺棉籽油，有明显棉籽味			
形态	正常	均匀分散	均匀分散	均匀分散，少量蜡质沉底	均匀分散，珠粒悬散于油中
	掺假	食用油掺有棉籽油与棕榈油时，油样出现白色或奶油色凝固物质，猪脂状；食用油掺有花生油时油样出现白色或奶油色凝固物质，混浊状			

202

第十章
预包装食品标签

第一节 概　　述

　　食品标签说明了食品的特征和性能，是食品的重要组成部分，也是消费者获知食品信息的重要途径，在食品安全方面有重要的提示作用。通过食品标签，消费者可以知道这是什么食品、这个食品由什么配料做成、营养成分如何等。食品标签通常是食品造假者首先假冒仿制的对象之一，因此，正确了解食品标签的相关知识对识别食品的真假是很重要的一环。

一、食品标签的定义

　　食品标签指的是食品包装上的文字、图形、符号及一切说明物。"一切说明物"是广义范畴的标签，包括食品上的吊牌、附签或商标等。食品标签可以有两种形式：①把介绍食品的文字、图形、符号等印制或

超市货架上的各种食品及其标签

者压印在用于包装食物的盒子、袋子、瓶子、罐子或其他包装容器上；②单独印制用于介绍或说明食品的纸签、塑料薄膜签或其他制品签，然后粘贴于食品包装容器上。

二、食品标签的作用

　　（1）引导、指导消费者选购食品，促进销售。

　　（2）向消费者做出承诺。

（3）为监管机构提供必要的信息。

（4）维护生产经营者合法权益。

三、预包装食品及其标签的定义

预包装食品是预先定量包装或制作在包装材料和容器中的食品，包括预先定量包装以及预先定量制作在包装材料和容器中并且在一定量限范围内具有统一的质量或体积标识的食品。标示在预包装食品上的标签即为预包装食品标签。预包装食品标签信息的传递对象有两类：消费者和下游食品的生产经营者。预包装食品标签分为直接提供给消费者的预包装食品标签和非直接提供给消费者的预包装食品标签两种。

四、预包装食品标签的内容

国内生产和销售的、直接提供给消费者的预包装食品标签标示内容应包括：食品名称，配料表，净含量和规格，生产者和（或）经销者的名称、地址和联系方式，生产日期和保质期，贮存条件，食品生产许可证编号，产品标准代号，营养标签，以及其他需要标示的内容；非直接提供给消费者的预包装食品标签标示内容包括：食品名称、规格、净含量、生产日期、保质期和贮存条件，除此以外的其他内容如果没有在标签上标示，应在说明书或者合同中注明。消费者通过了解这些知识，可在选购相对应的商品时向商家索要相对应的资料。

五、散装食品和现制现售食品标识的要求

贮存运输过程中为产品提供保护和便于搬运、贮存食品的包装是食品贮运包装。目前有越来越多的生产经营者对其散装食品、现制现售食品开始使用保护性的小包装，但散装食品和现制现售食品在销售场所通常会有称重、计量过程，其标识要求与预包装食品标签所要求的标注内容不太一样。

第二节　食品标签相关法律法规、部门规章和标准

　　在我国，主要通过法律法规、部门规章和标准来实现对食品标签的管理。

一、相关法律法规

　　与食品标签直接相关的法律法规主要是《食品安全法》及其实施条例。《食品安全法》（2015年）中关于标签的规定主要在第四章第三节"标签、说明书和广告"中。其中，第六十七条规定了预包装食品的标签，内容包括：预包装食品的包装上应当有标签。规定标签应当标明下列事项：①名称、规格、净含量、生产日期；②成分或者配料表；③生产者的名称、地址、联系方式；④保质期；⑤产品标准代号；⑥贮存条件；⑦所使用的食品添加剂在国家标准中的通用名称；⑧生产许可证编号；⑨法律、法规或者食品安全标准规定应当标明的其他事项。

　　专供婴幼儿和其他特定人群的主辅食品，其标签还应当标明主要营养成分及其含量。食品安全国家标准对标签标注事项另有规定的，遵从其规定。

　　第六十八条规定了散装食品标识内容的要求，内容是"食品经营者销售散装食品，应当在散装食品的容器、外包装上标明食品的名称、生产日期或者生产批号、保质期以及生产经营者名称、地址、联系方式等内容"。

　　除《食品安全法》以外，与标签有关的法律还有《商标法》《广告法》《消费者权益保护法》和《农产品质量安全法》等。

食品标签要求示意图

二、部门规章

关于食品标签的部门规章，主要有国家质量监督检验检疫总局颁布实施的《食品标识管理规定》（质检总局 2009 年第 123 号令）、《进出口预包装食品标签检验监督管理规定》（质检总局 2012 年第 27 号公告），农业部颁布的《农业转基因生物标识管理办法》（农业部令第 10 号）、《农产品包装和标识管理办法》（农业部令第 70 号），国家食品药品监督管理总局制定并发布的《食品生产许可管理办法》等。

三、标准

有关食品标签的强制性国家标准有 GB 7718—2011《预包装食品标签通则》、GB 28050—2011《预包装食品营养标签通则》、GB 13432—2013《预包装特殊膳食食品标签通则》等，这些通用标准对于食品标签该如何标示有具体的规定。食品生产过程中常常用到食品添加剂和营养强化剂，因此也需要密切关注 GB 2760—2014《食品添加剂使用标准》和 GB 14880—2012《食品营养强化剂使用标准》。一些产品标准中，常常对具体产品的标签也有要求，如 GB 10765—2010《婴儿配方食品》、GB 10767—2010《较大婴儿和幼儿配方食品》、GB 2757—2012《蒸馏酒及其配制酒》和 GB 2758—2012《发酵酒及其配制酒》等。

第三节　消费者需了解的预包装食品标签基本要求

食品标签虽然不大，却是食品生产经营者向消费者承诺，也是食品生产经营者向消费者传递产品信息的重要载体。

一、符合法律法规、相应食品安全标准的规定

食品标签需符合以上提及的法律、法规和相应食品安全标准的规定，这是对食品标签合法性的要求。生产经营企业应按照相应的要求设计、制作食品标签。

二、标签应真实、准确

标签应真实、准确，不虚假、夸大，不用欺骗性的文字、图形介绍食品，不使消费者误解。生产经营企业设计、制作食品标签时应该实事求是，真实地标示能反映食品真实属性的食品名称，真实地表明食品生产时所使用的食品配料、食品净含量、生产日期、保质期，以及生产者和（或）经销者的名称、地址、联系方式等信息，真实地标示营养标签，在标签上真实地介绍食品的特性。

三、不应误导消费者

食品标签不应误导消费者将购买的食品或食品的某一性质与另一产品混淆。食品在设计、制作标签的时候不应使用容易使消费者误解的图形、语言或者符号，或是将其他产品的名称、设计等稍做修改让消费者在选购食品的时候误以为是别的产品。

四、不应标注或者暗示具有预防、治疗疾病作用的内容

食品标签不应标注或者暗示具有预防、治疗疾病作用的内容，非保健食品不得明示或者暗示具有保健作用。

五、食品标签不应与食品或者其包装物（容器）分离

食品标签不应与食品或者其包装物（容器）分离，即食品标签所有的标示内容应该附着或者结合在食品的包装物或者包装容器上面。

六、标签文字的要求

（1）食品标签应使用规范的汉字（商标除外）。规范的汉字是指《国家通用规范汉字表》中的汉字，不包括繁体字。

（2）可同时使用拼音或少数民族文字，拼音不得大于相应汉字。

（3）可同时使用外文，但应与中文有对应关系（商标、进口食品的制造者和地址、国外经销者的名称和地址、网址除外）。所有外文不得大于相应的汉字（商标除外）。

七、标示内容的文字、符号、数字的高度

根据 GB 7718—2011 附录 A 中的计算方式计算得到食品包装物或包装容器的最大表面面积大于 35 cm^2 时，强制标示内容的文字、符号、数字的高度应大于 1.8 mm，这样消费者更易于辨读食品标签上的信息。

第四节　直接提供给消费者的预包装食品标签要求

一般消费者接触到更多的是厂家直接提供给消费者的预包装食品标签，GB 7718—2011《食品安全国家标准　预包装食品标签通则》对其要求如下：

一、食品名称

食品名称是消费者购买食品时会第一时间关注的标签信息。食品名称一般标示在食品标签的主要展示版面上的醒目位置，清晰地标示反映食品真实属性的专用名词。专用名词一般是国家标准、行业标准或地方标准的标准名称或者标准中规定的食品名称。如果没有国家标准、行业标准或地方标准规定的名称，可以使用不会使消费者误解或者混淆的常用名称或通俗名称。

二、配料表

任何食品均应标示"配料表"，配料表以"配料"或"配料表"为引导词。各种原料、辅料和食品添加剂应真实、准确地在配料表中标示。所有的配料（包括食品添加剂）的标示应该遵循食品名称标示的规定。配料表中的各配料按照制造或加工食品时加入的总量的递减顺序逐一排列，加入量不超过 2% 的配料可以不按照递减顺序排列。如果在食品标签或食品说明书上特别强调添加了或含有一种或多种有价值、有特性的配料或成分，应标示其添加量或在成品中的含量。

三、净含量和规格

净含量标示由"净含量、数字和法定计量单位"三部分组成，三者缺一不可。在标签所示的贮存条件下，不同状态的食品净含量标示应按不同的法定计量单位标示，液态食品、半固态或黏性食品既可以使用体积单位升（L）、毫升（mL），也可以用质量单位克（g）、千克（kg）；固态食品只能采用质量单位克（g）、千克（kg）。净含量字符的最小高度不得低于2 mm。净含量应与食品名称在包装物或容器的同一展示版面标示。

四、生产者或经销者名称、地址和联系方式

食品标签上应当标注生产者的名称、地址和联系方式、企业应该标示其承担法律责任主体的名称、地址和有效的联系方式。依法承担法律责任的生产者或经销者的联系方式应标示以下至少一项内容：电话、传真、网络联系方式等，或与地址一并标示的邮政地址（邮政编码或邮箱号）。进口预包装食品应当标示原产国国名或地区区名，以及在中国依法登记注册的代理商、进口商或经销者的名称、地址和联系方式，可不标示国外生产者的名称、地址和联系方式。

五、生产日期和保质期

生产日期和保质期是消费者很关心的食品标签信息之一。应清晰地标示预包装食品的生产日期和保质期，日期标示不得另外加贴、补印或篡改。食品标签按年、月、日的顺序标示日期，如果没有按这样的顺序标示，应该注明日期标示顺序。

食品生产日期示意图

六、贮存条件

生产者可以按照食品的实际贮存条件，选用合适的格式和文字来表述贮存条件。

七、产品标准号

在国内生产并在国内销售的预包装食品（不包括进口预包装食品）应该标示产品所执行的标准代号和顺序号。标准代号涉及的标准可以是食品安全国家标准、食品安全地方标准、食品安全企业标准或其他相关国家标准、行业标准和地方标准。

八、食品生产许可证号

预包装食品标签应当标示食品生产许可证编号，但不强制要求标注"食品生产许可证编号"字样。

九、质量（品质）等级表示

产品标准已明确规定质量（品质）等级的，应标示质量（品质）等级。如果执行标准中没有规定的，无须标示质量等级。

十、营养标签

除豁免标示的食品以外，食品标签中的营养标签遵循 GB 28050《食品安全国家标准　预包装食品营养标签通则》的要求，标示能量和 4 个核心营养素碳水化合物、蛋白质、脂肪和钠。营养成分表以一个"方框表"的形式表示，方框表可为任意尺寸。营养成分表有 5 个基本要素：表题、营养成分名称、营养成分含量、NRV%（该食品营养素的含量占相应营养素参考值的百分比）和方框。如下图所示：

营养成分表的示例如下：

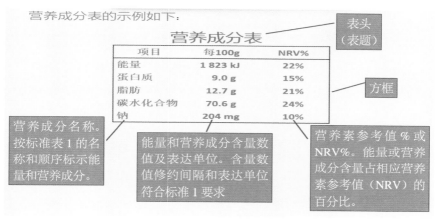

食品营养成分表示意图

十一、其他需要标示的内容

关于辐照食品、转基因食品和含有致敏物质的食品，必须在标签上食品名称的附近注明辐照食品、转基因食品、食品所含有或可能含有的食品致敏物质，应按规定如实标示，以提醒消费者选择适合自己的食品。

十二、进口预包装食品标签的特殊要求

进口的预包装食品，企业可根据进口预包装食品上标示的保质期和最佳食用日期正确计算出生产日期并标示在产品标签上。进口预包装食品无须标示我国的产品标准代号、食品生产许可证编号和质量（品质）等级。如果标示了质量（品质）等级，应确保真实、准确。

第五节　生活中的食品标签

一、常见食品标签标识"陷阱"

（1）食品标签不真实、不准确。

（2）以直接或暗示性的语言、图形、符号等误导消费者将购买的食品或食品的某一性质与另一产品相混淆。

（3）食品名称未反映食品真实属性。

商品名称：牛肉酱（半固态调味料）

配　　料：植物油、辣椒、花生、大豆、白砂糖、芝麻、生姜、大蒜、食用盐、食品添加剂（谷氨酸钠、山梨酸钾、脱氢乙酸钠、5'=呈味核苷酸二钠）、白酒、香辛料

产品标准号：Q/0001S

生产许可证号：QS5114 0307

贮存条件：请置于阴凉干燥处，冷藏更佳

净 含 量：218 g

保 质 期：12 个月

产品无添加牛肉，而产品名称命名为"牛肉酱"

（4）食品未标示配料表。

（5）食品添加剂没有按规定进行标示。

> **商品名称：**酸酸乳，乳饮料　原味
> **产品类型：**配制型含乳饮料
> **配　　料：**水、全脂乳粉、白砂糖、果葡糖浆、低聚异麦芽糖、乳清蛋白粉、食品添加剂、食用香精

食品添加剂未按规定标示示例

（6）标签上特别强调添加了或含有一种或多种有价值、有特性的配料或成分，没有标示该配料或成分的添加量或在成品中的含量。

（7）未按规定标示净含量的计量单位。

食品净含量标示不正确，应标为"净含量：1 kg"

（8）未标示产品质量等级。

（9）营养标签标示不规范。

二、通过标签选购食品

　　食品标签是食品生产经营企业向消费者传递信息的最佳途径，消费者通过识读食品标签可以获得所需购买食品的信息，选购自己心仪的食品。但是，食品生产经营企业在食品标签上都很下功夫，希望通过食品标签吸引消费者。所以，食品标签上可能会存在一些陷阱，尤其是一些不良商家的蓄意制假、造假。消费者看清楚食品标签并正确识别，从而选购真正所需的产品，避免买到上文提及的有常见标签标识问题的食品。

三、通过无公害农产品、绿色食品和有机产品标识鉴别真伪

　　食品既是保证人体活动、增强体质的主要能源，又是影响人们身体健康的一个不可忽视的潜在的因素，要获得安全、营养、高品质的食物需要控制食物从生产、加工到贮运销售的各个环节，避免食品原料受到污染，影响食品品质。因此，安全的生长环境（清洁的水源、干净的空气、无污染的土壤）、科学的农田管理（合理施肥、农药）、严格的加工质量标准都是必不可少的条件。无公害农产品、绿色食品

和有机产品都属于在这样的条件下生产的产品,都是需要获得认证的食品,销售获得无公害农产品、绿色食品、有机产品等质量标志使用权的农产品,应当标注相应标志和发证机构。这三种食品相对普通食品而言,价格会更高一些,在其标识和其他方面也有特别之处。禁止冒用无公害农产品、绿色食品、有机产品等质量标志。

1. 无公害农产品

无公害农产品是指使用安全的投入品,按照规定的技术规范生产,产地环境、产品质量符合国家强制性标准并使用特有标志的安全农产品。无公害农产品的定位是保障消费安全,满足公众需求。无

无公害农产品标志

公害农产品认证是政府行为,采取逐级行政推动,认证不收费。无公害农产品产地认定证书和无公害农产品认证证书有效期均为 3 年,证书到期后需按规定重新认证,认证获准后方可继续使用。获得无公害农产品认证证书的单位或者个人,可以在证书规定的产品、包装、标签、广告、说明书上使用无公害农产品标志。

消费者如想知道自己购买的产品是否为无公害农产品,可以通过中国农产品质量安全网(网址:http://www.aqsc.org/)中"防伪查询"栏目进行查询。消费者打开"防伪查询"中"无公害农产品防伪查询"栏目以后,在防伪标识查询框内输入产品数码,确认无误后按"查询"键,可迅速得到鉴别结果。

2. 绿色食品

绿色食品,是指产自优良生态环境、按照绿色食品标准生产、实行全程质量控制并获得绿色食品标志使用权的安全、优质食用农产品及相关产品。它是在无污染的条件下种植、养殖,施有机肥,不用高毒性、高残留农药,在标准环境、生产技术、卫生标准下加工生产,经专门机构认定并使用专门标识的安全、优质、营养类食品的统称。

我国的绿色食品分为 AA 级和 A 级。AA 级绿色食品是指生产地

的环境质量符合 NY/T 391—2000《绿色食品产地环境技术条件》的要求，生产过程中不使用化学合成的肥料、农药、兽药、饲料添加剂、食品添加剂和其他有害于环境和人体健康的物质，按有机生产方式生产，产品质量符合绿色食品产品标准，经专门机构认定，许可使用AA 级绿色食品标志的产品。A 级绿色食品是指生产地的环境质量符合 NY/T 391—2000 的要求，生产过程中严格按照绿色食品生产资料使用准则和生产技术操作规程要求，限量使用限定的化学合成生产物资，产品质量符合绿色食品产品标准，经专门机构认定，许可使用 A 级绿色食品标志的产品。目前我国生产的绿色食品大多属于 A 级。

　　绿色食品标志是绿色食品对产品依法实施认证并实行标志管理，是由中国绿色食品发展中心在国家工商行政管理总局商标局注册的质量证明商标，受国家商标法的保护。

　　在市场上识别绿色食品，最为直观的鉴别方法是：在同一包装上产品是否具备"三位一体"的标识，即在产品外包装上是否同时具备绿色食品标志图形、绿色食品 4 个字和企业信息码。另外，可以通过三条途径鉴别：一是查验是否具有绿色食品标志许可使用证书，二是通过绿色食品网站（网址：

绿色食品标志

http：//www.greenfood.org.cn）查询该产品是否在已通过绿色食品认证的产品名录内，三是可以直接向中国绿色食品发展中心查询。

3. 有机产品

　　有机产品是指生产、加工和销售符合中国有机产品国家标准的供人类消费、动物食用的产品。有机配料含量（指重量或者液体体积，不包括水和盐）等于或者高于 95% 的加工产品，应当在获得有机产品认证后，方可在产品或者产品包装及标签上标注"有机"字样，加施有机产品认证标志。有机产品需经认证，获得认证的产品获得有机产品认证证书，认证证书有效期为 1 年。获得认证的有机产品可使用中国有机产品认证标志，每枚认证标志进行唯一编号（简称有机码）。证书到期后需按规定重新认证，认证获准后方可继续使用。

　　获得有机产品认证的产品应当在获证产品或者产品的最小销售包装上加施中国有机产品认证标志、有机码和认证机构名称或者其标识。获证产品标签、说明书及广告宣传等材料上可以印制中国有机产品认证标志，并可以按照比例放大或者缩小，但不能变形、变色。有机产品认证标志应当在有机产品认证证书限定的产品范围、数量内使用，每一枚标志有唯一编码。

有机产品标志

　　有机产品价格较高，并且认证、质量控制程序较复杂，与普通产品的营销渠道也存在不同。消费者可以到有机产品专卖店、大型商场、超市购买有机产品。在购买有机产品时，应当查看产品或产品销售包装上是否使用了有机产品国家标志，并同时标注了有机码、认证机构名称或标识，也可向销售单位索取认证证书、销售证等证明材料，查看所购买的有机产品是否在证书列明的认证范围内。每一枚有机标志的有机码必须报送到"中国食品农产品认证信息系统"（网址 http：// food.cnca.cn），消费者可以在该网站上查到该枚有机标志对应的有机产品名称、认证证书编号、获证企业等信息以鉴别有机产品的真伪。

参 考 文 献

阿坝藏族羌族自治州农业局组, 2012. 农产品质量安全法律法规汇编 [M]. 北京：中国农业科学技术出版社.

陈江, 彭光宇, 王晶, 等, 2014. 木耳增重掺假判别方法研究 [J]. 食品安全质量检测学报, 5（10）：3243-3248.

陈敏, 王世平, 2007. 食品掺伪检验技术 [M]. 北京：化学工业出版社.

陈颖, 葛毅强, 2015. 食品真实属性表征分子识别技术 [M]. 北京：科学出版社.

法律出版社法规中心, 2010. 中华人民共和国农产品质量安全法案例解读本 [M]. 北京：法律出版社.

高海生, 2015. 假冒伪劣食品感官鉴别 [M]. 北京：化学工业出版社.

韩宝丽, 2011. 芝麻油掺伪大豆油的显色检测方法研究 [D]. 河南工业大学.

洪涛, 2013. 我国食品法律法规标准体系的建设与完善对策 [J]. 食品科学技术学报, 31（6）：76-82.

李海勇, 2011. 我国农产品质量安全法律制度研究 [D]. 华东政法大学.

彭珊珊, 张俊艳, 2016. 食品掺伪鉴别检验 [M]. 北京：中国轻工业出版社.

任大鹏, 2009. 农产品质量安全法律制度研究 [M]. 北京：社会科学文献出版社.

桑华春, 王覃, 王文珺, 2015. 食品质量安全快速检测技术及其应用 [M]. 北京：科学技术出版社.

宋玉峰, 王微山, 杨学军, 等, 2012. 食用油掺假检测方法研究进展 [J]. 中国食物与营养, 18（3）：9-12.

张冬青, 2013. 构建农产品质量安全标准体系的探讨 [J]. 安徽科技（1）：20-22.

中国国家标准化管理委员会, 1985. 油脂定性试验　植物油脂检验油脂定性试验：GB 5539—1985[S]. 北京：中国标准出版社.

中国国家标准化管理委员会, 2010. 黑木耳等级规格：NY/T 1838—2010[S]. 北京：中国标准出版社.

中华人民共和国国家质量监督检验检疫总局, 中国国家标准化管理委员会, 2008. 黑木耳：GB/T 6192—2008[S]. 北京：中国标准出版社.

郑显奎, 郑显慧, 2012. 食用油掺假棉籽油快速定性、定量方法的研究和应用 [J]. 粮油仓储科技通讯, 28（3）：49-54.

参考文献